U0258779

James
Hoffmann

How
to
Make

家用咖啡

冲煮指南

[英] 詹姆斯·霍夫曼 ○ 著　黄俊豪　李蔚　邹熙 ○ 译

the
Best
Coffee
at
Home

中信出版集团 | 北京

图书在版编目（CIP）数据

家用咖啡冲煮指南 /（英）詹姆斯·霍夫曼著；黄俊豪，李蔚，邹熙译.-- 北京：中信出版社，2024.5
书名原文：How to Make the Best coffee at Home
ISBN 978-7-5217-6417-8

Ⅰ.①家… Ⅱ.①詹…②黄…③李…④邹… Ⅲ.①咖啡－配制－手册Ⅳ.①TS273-62

中国国家版本馆CIP数据核字（2024）第052324号

家用咖啡冲煮指南
著者： 　　［英］詹姆斯·霍夫曼
译者： 　　黄俊豪　李蔚　邹熙
出版发行：中信出版集团股份有限公司
　　　　　（北京市朝阳区东三环北路27号嘉铭中心　邮编　100020）
承印者： 　北京华联印刷有限公司

开本：880mm×1230mm　1/32　　印张：7　　　　字数：179千字
版次：2024年5月第1版　　　　　印次：2024年5月第1次印刷
京权图字：01-2024-0540　　　　　书号：ISBN 978-7-5217-6417-8
定价：108.00元

目录

译者序

世界咖啡师大赛冠军、咖啡烘焙品牌创始人、知名咖啡馆合伙人、咖啡培训及顾问公司联合创始人、杂志创办人、200万订阅用户的视频博主、拥有50多万粉丝的X（原推特）用户、2本亚马逊咖啡类目畅销书作者、改变世界制作咖啡方式的磨豆机与咖啡机的研发者、咖啡顾问……

如果这些身份中的两三个，放在一个人身上，好像非常合理，但如果全部汇集到一个人身上，就困难了，他得拥有既广又深的咖啡知识、商业思维、语言组织能力、思维转化能力——而正好有一个人拥有这些能量与能力，那就是本书作者詹姆斯·霍夫曼。

詹姆斯·霍夫曼走入大众视野，是从拿下2007年世界咖啡师大赛冠军开始的。他在时代变化的每个阶段，除了不停地强化自己的内核、充实知识，也会一直寻找配合与适应当下时代的手段。

世界咖啡师大赛从2000年开始，每年都会诞生一位世界冠军，也就是说，已经有23位冠军，但至今仍一直存在于大众视野、输出知识、试图一点一点改变这个世界的冠军，可谓凤毛麟角。

要做到这一点，最重要的能力是察觉用户的需求。随着精品咖啡、慢咖啡市场的扩大，喝咖啡的场景越来越多地从咖啡馆、办公室茶水间渗透到日常生活，渗透到家中。不管是有300元预算，还是3万元，人们慢慢地开始希望从这繁忙的工作跳脱，哪怕只有10分钟，也想在属于自己的咖啡角冲一杯咖啡，安放自己的心。

距离《世界咖啡地图》首次在国内出版，已经将近8个年头，詹姆斯·霍夫曼的这本新作《家用咖啡冲煮指南》跟《世界咖啡地图》有什么本质上的差异呢？

《世界咖啡地图》，是给我们在买咖啡豆时的指南；而《家用咖啡冲煮指南》，是把豆子带回家冲泡的指南。

当然，《世界咖啡地图》中也提到了

咖啡的冲煮，但全书更多的是希望我们从土地、人、环境、历史背景出发，理解咖啡豆背后的本质。

而《家用咖啡冲煮指南》，则是从在家冲泡这个角度出发，花了1/4的篇幅，清楚地说明了影响冲泡质量最重要的前期准备工作。冲泡咖啡，可能也就3~5分钟，但是影响一杯咖啡好喝与否的关键要素，其实是前期的准备——比如你用的水是否合适、如何挑选磨豆机、如何选择手冲壶等。只要前期准备完善了，冲咖啡就是水到渠成。

书中也针对我们最常见的冲泡方式，给出了詹姆斯多年经验积累下得出的简单稳定的参数与步骤。虽然每种器具都有许多使用方式，每种方式都可以冲泡出好喝的咖啡，但詹姆斯的方法，可以说有着非常高的容错率以及实际可操作性，非常适合在家的生活场景。

除了给出好用稳定的冲泡方式，詹姆斯更是深知"授人以鱼，不如授人以渔"，所以在介绍每个器具冲泡方式之余，还会说到如何在你自己的使用场景下调整参数，再结合如何品鉴咖啡，微调出属于你的咖啡的风味。

我自己做过咖啡门店咖啡师、品牌管理者、咖啡烘焙厂负责人、咖啡培训师，也做过咖啡豆贸易进出口、自媒体等工作，所以深知在不同场景，面对不同的对象，需要用不同的语言来沟通，而詹姆斯·霍夫曼，对沟通交流、理解彼此有着深刻的认知，所以才有这本《家用咖啡冲煮指南》。他把咖啡与用户的鸿沟填补起来，给所有想在家建立起专属咖啡角的朋友，提供了一个完整的指引手册！

黄俊豪

作者序

很高兴能为《家用咖啡冲煮指南》简体中文版撰写这篇序言。中国一直有着全世界最迷人的咖啡文化之一，一定程度上是因为中国的咖啡业还相对年轻，不会像许多其他文化那样，拘泥于悠久的咖啡饮用历史。中国也从精品咖啡生产的投资中获益，现在，云南省就种植出了一些相当美味迷人的咖啡。得承认我有一点嫉妒，因为我品尝过的最好的云南咖啡，都是在造访中国时喝到的。一个咖啡文化能赞美、珍视自己产地的咖啡，这是一件非常好的事。

我们生活在喝咖啡的黄金时代，拥有前所未有的丰富选择，有更多的咖啡烘焙商、更多的咖啡种植园和可溯源咖啡，自己在家冲煮咖啡时也有了更多的方式，许多人因此感到既兴奋，又不知所措。

在世界各地，人们对于在家煮咖啡喝咖啡的兴趣都在快速提高，作为对此的回应，我写了《家用咖啡冲煮指南》。这本书与我的第一本书《世界咖啡地图》目标相似。《世界咖啡地图》在中国取得了很大的成功，希望《家用咖啡冲煮指南》也能在这里找到读者。我想要在书里分享最重要、最独到的信息，以简化咖啡的复杂度，让人们在家中就能舒适地享受更多做咖啡和喝咖啡的乐趣。冲煮咖啡可以是一种仪式，让你乐在其中，也可以是一项爱好，供你不断探索；你还可以选择用简单快速的方法，泡出不错的成品。这本书将引导你了解咖啡的世界，无论是从中学习制作完美意式浓缩的技巧，还是仅仅用来挑选不同风格的咖啡豆进行尝试。

好咖啡可以是宏大、复杂而严肃的，但也应该充满乐趣。我认为，获得更深层次的愉悦在过去十年里已成为人们饮用咖啡的重要理由，超出了咖啡因本身带来的益处。希望这本书能为你的每日咖啡带去更多的快乐。

James Hoffmann
詹姆斯·霍夫曼

简介

一杯咖啡可以担任很多角色：一剂刺激的咖啡因、工作的燃料、社交润滑剂。它既是必需品，也可以是奢侈品；可以是给你惊喜、令你愉悦，又美味的，也可以把你带到世界各地。咖啡能带来许多乐趣。

咖啡只在几十个国家生产，却在世界的每一个国家被人饮用，并以不同的方式融入众多不同的文化。饮用来自热带小灌木，经过烘烤、研磨和浸泡的水果种子，是一种非常"人类"的行为。

咖啡，在历经了最近一二十年的现代精品咖啡运动后，获得了有点严肃、

过于认真、偶尔自命不凡并需要学习和教育才能享受的"声誉"。在进入这本充满精品咖啡的复杂细节的书之前，我认为我们有必要记住，享受咖啡才是目的，这个目的高于一切。

我想分享那些帮助我把咖啡冲泡得更好喝的事物，同时也突出咖啡令人惊讶、愉快和有趣的方方面面。不过，咖啡不必每天都给予我们这样的感受；它可以是早晨的一杯温和而易饮的液体、启动大脑的开关——因为在某些早晨，这就是我们真正想要的。

1

第一章

如何买到优质的咖啡

你一遍又一遍地听闻，没有优质的原料，就不可能有一杯好咖啡。世界上所有的技术和设备都无法克服咖啡本身的风味局限。但是，对于什么是"好"并没有真正的定义。当然，行业内对于精品咖啡有着明确的定义，但这并不意味着我们应该追求所有人都喜欢同一种咖啡。一旦你深入研究，就会发现咖啡的乐趣在于味道的多样性。

精品咖啡行业在早期遇到了一些瓶颈，因为它告诉人们应该喝"更好"的咖啡。人们自然是非常不喜欢被告知他们之前购买、饮用的咖啡质量平平——

"我觉得挺好喝的，谢谢你。"

然而，我现在要提出一个类似的论点，但附带一些说明。我认为，无论你现在喜欢什么，未来你都可能会遇到更喜欢的东西，只需多一点探索，就会带来极大的回报；而且，说实话，这个过程也会意想不到地有趣。本章旨在分解购买咖啡的过程，以便你可以无风险地进行探索。我不希望人们尝试了不同于日常的选择却感到厌恶——我认为这可以避免；我们也可以消除关于咖啡购买体验存在的一些玄学和误解。

新鲜

咖啡最成功的营销概念之一就是"越新鲜越好"。

到处都能看到"现磨咖啡"或"现煮咖啡",这实际上改变了许多人的观念。将咖啡视为新鲜农产品,而不是耐储存的食品,这是件好事。与其他新鲜农产品相比,咖啡的变质速度较慢——你可能会争辩,哪怕放了几年也可以安全饮用——所以咖啡确实是一种耐储存的食品。但如果你希望钱花得物有所值,那么趁新鲜喝咖啡是最划算的。在谈论咖啡能放多长时间之前,我应该简单说明一下咖啡变质的方式。

挥发物流失:挥发物指的是挥发性芳香化合物,由你的嗅觉细胞评估和享受,体现为香气或风味。随着咖啡老化,大量风味会从豆子或咖啡粉中散逸到空气中。当然,更好的包装可以减缓挥发的速度,但随着时间的推移,细微差别、风味和令人愉悦的感受还是会慢慢消失。

出现新/坏风味:遗憾的是,咖啡中你品尝和享用的化合物并不是惰性的,随着时间的推移,它们会相互反应并开始形成新的化合物。虽然也有例外,但通常情况下,这些新产生的化合物感受上不如最早的那些。

酸败:咖啡含有以脂肪或油的形式存在的脂质,它们很容易因氧气导致的氧化或者水分导致的脂肪分解而变质。无论哪种方式,变质都会很快产生一些令人不快、不喜欢的味道。较深烘焙的咖啡豆会有更多的油被推到咖啡豆的表面,意味着它们更容易与氧气或水分相互作用,因此会更快地产生酸败的味道。

我要在这里再补充一点,尽管这与负面味道没有很强的相关性,但在继续讨论新鲜度之前还是值得说一说。

排气:在咖啡烘焙过程中,大量的化学反应导致咖啡变成棕色,并创造出许多我们喜欢的风味。这些化学反应的副产物是二氧化碳,以体积来看,排量非常大:1千克咖啡豆在烘焙过程中会产生大约10升二氧化碳,其中大部分在烘焙过程中逸出;而在烘焙结束时保留在咖啡豆中的二氧化碳,也会在烘焙后的头几个小时内非常快地逸出。

跟刚刚烘焙好时相比，我们拿到手的包装咖啡豆的二氧化碳含量相对较少，但是仍然足以对咖啡的冲泡方式产生重大影响。

出于这个原因，有时咖啡可能会"过于新鲜"了，特别是如果你打算制作浓缩咖啡。当你冲泡咖啡时，水与咖啡粉接触会释放出大量被困的二氧化碳。在《如何冲泡出一杯美味的咖啡》一章（参见第77—119页）中，你经常会看到"焖蒸"这两个字，焖蒸就是在大量加水冲泡之前向咖啡粉中加入少量水，以帮助二氧化碳从咖啡粉中排出。如果你看到咖啡粉当中有大量的二氧化碳排出，这意味着水会更难进入咖啡粉中进行萃取。有关咖啡的一个令人沮丧的

真相（本书中还有好几个）就是，咖啡越陈越容易冲泡和萃取。当然，咖啡越不新鲜，你做出来的咖啡味道就越差。

咖啡向线上销售的转变，意味着咖啡公司都是在用户下单后进行烘焙和寄送。再加上电商的广泛发展缩短了预期的交货时间，这意味着大多数在线购买的咖啡到货时太新鲜了。为了获得最佳体验，你应该把咖啡豆放一放——通常称为"静置"咖啡[1]。但应该等多久？在陈味出现之前，好喝的赏味期有多长？

咖啡豆和新鲜度

不将咖啡豆磨粉可显著地延长其寿命，但能够放多久并没有固定的规则；也要谨记储存条件可以产生很大影响，尤其是温度。室温较高会导致咖啡变质更快，因为热量会提供能量，加速变质过程。

如果是冲泡意式浓缩咖啡，我建议你在烘焙后至少等待七天，然后再开始冲泡。

1　即养豆期。——译者注

袋子打开后，只要妥善存放，你接下来几周都能继续喝到好喝的咖啡。几周之后，你就会开始注意到咖啡的味道明显不如之前了。开袋两周后，你会发现咖啡产生的克丽玛（crema）稳步下降，因为克丽玛只是被包裹的二氧化碳（有关克丽玛及其含义的更多信息，请参见第144—145页）。然而，克丽玛变少并不意味着咖啡会变难喝。

如果是冲泡滴滤式咖啡，那么使用烘焙后"静置"四五天的咖啡豆即可获得良好的效果；即使是烘焙后"静置"两三天的新鲜咖啡豆，对冲泡滴滤式咖啡的影响也不会像对意式浓缩咖啡的那么大，我们还是可以萃取出好喝的咖啡。与意式浓缩咖啡类似，开袋后你会有几周的时间品尝到最美味的滴滤式咖啡，然后味道就会逐渐变差。

理想的咖啡新鲜度——咖啡粉

研磨咖啡后，咖啡陈化的速度会非常快。在对比测试中，许多人会发现研磨后"静置"12小时的咖啡粉和新鲜咖啡粉之间存在明显的差异，而大多数人也会发现研磨后"静置"24小时的咖啡粉和新鲜咖啡粉之间的差异。我们不好说这种差异对人们会造成多大的困扰，但差异很明显。当咖啡粉陈放了48小时后，我认为很难找到一个不认为它味道差的人。

出于以下种种原因，我提倡大家自行研磨咖啡豆：

● 咖啡豆研磨时闻起来超香，每次磨豆子都会让你的早晨/一天更加愉快。

● 购买咖啡豆更划算。预磨咖啡可能售价相同，但总体而言冲泡出来的咖啡味道较差，因此性价比不高。

● 自己磨豆子意味着你可以尽可能获得最好的咖啡——可以按照咖啡豆品种、器具、自己的喜好来调整研磨粗细。

我承认，咖啡粉有拿来就可以使用的方便之处，而自己研磨咖啡，还需要考虑购买磨豆机的投入。但我认为磨豆机是一项非常有价值的厨具投资，稍后我将更深入地介绍磨豆机（请参阅第44—51页）。

存放咖啡豆

日常最好将咖啡豆存放在不透光、干燥和密封的容器中。

许多袋子现在都带有可重复使用的密封条，很可靠好用。还有许多咖啡豆罐可以挑选，虽然我认为真空储藏罐略有优势，但你只要选择外观和价格都喜欢的可密封罐子就好。

我会避免将咖啡豆放入冰箱。因为虽然冰箱温度更低，理论上来说储存效果会比橱柜好，但前提条件是一定要密封存放。而且，将咖啡豆放入冰箱后取出使用，冰凉的咖啡豆上容易形成冷凝水，导致其加快变味。此外，如果袋子密封性不好，咖啡豆很容易和冰箱里其他东西串味。

冷冻室是长期储存咖啡豆的绝佳空间，只要包装密封尽量不留空气，咖啡豆可在冰箱冷冻室中保存数月。由于频繁将咖啡放进和拿出冰箱会产生冷凝水而加速咖啡变质，有些人喜欢将咖啡豆分装成单次用量储存在冰箱中，每次只取出当天所需。这个方法非常好，但需要大量的劳动和备用包装，以分装一包新豆。

在哪里买咖啡豆

购买咖啡豆的地点会对咖啡豆的新鲜
程度以及养豆期产生重大影响。

我将介绍人们购买咖啡豆的三个主要
地点及其产生的影响。

超市/杂货店

这是过去大多数人购买咖啡豆的地
方，直到最近十年才开始改变。超市将咖
啡豆视为一种保质期很长的产品。咖啡豆

没有"最晚食用"日期，但它有"最佳食
用"日期，即使放了几年，毫无疑问已经
过了最佳赏味期，应该也可以安全饮用。
大公司不会在产品上标注烘焙日期——因
为超市不希望它们这么做。走超市这条供
应链，意味着咖啡豆可能需要数周或数月
才能上架。新到货的咖啡豆会被放在货架

最后面，然后慢慢向前移动。如果你拿起一袋咖啡豆，距离保质期还有7个月，感受上会比它已经出厂了5个月更好。此外，咖啡的赏味期没有标准，因此一些公司会标识为烘焙后12个月，一些标识为18个月，有些甚至标识24个月。一些规模较小、更注重质量的公司已经开始与超市合作，它们通常会根据要求在包装上注明"保质期"，但也会添加"烘焙日期"，尽管烘焙日期不像保质期那样明显。在大多数超市很难买到真正新鲜的咖啡豆，一些本地商店和零售商可能会重视这件事，但目前很大程度上得看你的运气。

当地咖啡店

这是购买咖啡豆的好地方，不仅仅是因为我支持地方经济。很多咖啡店现在也贩售店内的咖啡豆，豆子通常已经养好了，上架时可能已经放了一周，这意味着如果你需要即刻冲泡咖啡，那么去当地咖啡店购买会是最好的选择。还有一个额外好处——你可以与咖啡师交流，与他们讨论你的喜好，从而更有可能找到你喜欢的东西，而不用去超市里对着标签挑来选去（我们将在第12页详细讨论标签）。最

后的好处在于，你通常可以先品尝咖啡再购买——这既可以降低你不爱喝的风险，也可以为咖啡的味道提供一个基准，供你在家冲泡时参考。

线上商店

现在在网上购买优质咖啡前所未有地方便，全球咖啡烘焙商数量的激增无疑使消费者受益。在线购买的体验通常非常好，价格具有竞争力且发货很快。然而，人与人之间的互动很少，虽然这一点通常很吸引人，但也让精准推荐变得更加困难。大多数咖啡烘焙商会明确说明他们的烘焙和运输方式。较小的公司不会天天烘焙，因此会保留你的订单至下一烘焙日，或寄送一两天前烘好的咖啡豆。正如我之前提到的，新鲜出炉的咖啡豆不一定最适合冲泡，而在线购买至少能提供明确的物流时间，有望在你的咖啡豆库存用完前一周到货。

大多数咖啡烘焙商提供订阅服务，每周、每两周或每月自动寄送咖啡豆。从"每周给我寄送我喜欢的豆，这样我就不必特意记住"到"每次给我寄送不同的新东西"，选择范围很广。

价格

这应该是最简单明确的质量指标——价格越高，质量就应该越好。当然，在一个有着不同偏好和对"好"的定义不同的世界里，价格与质量并不完全成正相关。不过，说到买咖啡，还是要谈价格。

对亿万家庭来说，在家有一袋咖啡再正常不过，然而如果你停下来想一想，这件事能够实现其实是令人惊讶的。在你手上的是热带植物的种子，生长在千里之外，以极低的成本经采收、加工、分类、出口、烘焙、包装并送货上门。早先这给了人们一个"咖啡应该便宜"的期望，而且很遗憾有些咖啡可能永远都卖不上价。但是便宜的咖啡有着很高的人力成本——有人必须为你的低价咖啡而勉力维生，有人必须得面对食物缺乏或无法逃脱的负债。购买到便宜的咖啡从来都不是一件值得庆贺的事。

咖啡会被这样低估也就不足为奇了；它是一种迷人的饮料，不仅美味多样，而且具有精神活性和刺激性。如果可以，我鼓励你投入咖啡的世界。

为早上冲泡的咖啡多付一点钱，避开致力于保持咖啡价格低廉的大型跨国品牌，对产业链的所有人来说都是更好的选择。为高端精品咖啡支付高价并不能解决咖啡行业的不公平问题，也不能改变任何一个农民的处境。然而，为你购买的咖啡支付令行业可持续的价格有其价值及必要性。考虑到本书的长效性，这里不给出具体的推荐购买价格，你从专业烘焙商那里得到的基准价格就是很好的参考。

我的本意不是建议增加支出，尤其当前在消费国和生产国普遍存在贫困和粮食短缺的问题。但是，当我们看到这种做法对全球数百万咖啡生产家庭的生活产生的影响时，我不会提倡维持咖啡便宜的价格。

烘焙程度

随着过去20年精品咖啡的兴起，咖啡商谈论烘焙程度似乎已经变得非常不合时宜。咖啡豆标签上可能包含大量信息，但烘焙程度却很少在其中。

这可能有几个原因：首先，许多小型精品咖啡商的想法是，他们已经为特定的咖啡豆找到了理想的烘焙方式，没有其他更合适的烘焙程度了；其次，精品咖啡的烘焙通常在浅度到中度的范围内，这样的烘焙风格仍然与星巴克等公司的重度烘焙风格背道而驰；最后，也许最令人沮丧的是，对于浅度、中度或深度烘焙，并没有明确的界定标准。但是，我仍然相信这些信息将有助于许多咖啡购买者做出决定。对于精品咖啡品牌，除非另有明确标记，否则你最好预设所有咖啡豆都是浅度至中度烘焙。

过去，咖啡是以味道强度来标记烘焙程度的，这种标识方法略显模糊。现代咖啡行业长期以来一直认为这种标识方法令人困惑，因为味道强度主要取决于你冲泡咖啡的方式以及你使用的咖啡粉与水的比例。然而，较深的烘焙比浅的烘焙更易萃取，所以吹毛求疵地说，用强度来表示烘焙程度实际上非常准确。

这些标签真正传达的是你可能从某种咖啡中感受到的苦味强度。然而，无论标签使用5分制还是10分制，你往往会发现分数总是在中位数以上——因为没有人希望他们的咖啡喝起来浓度很低。

烘焙如何影响风味

烘焙方式对咖啡的味道有着巨大的影响。烘焙的时间越长，被称为"烘焙风味"的产物就越多。在经过烘焙而产生褐色的大多数食品中也会有这类风味，例如面包或巧克力。烘焙风味如果持续增加，最终会变成更刺激、更焦灼的味道。苦味也相应地增加，就像焦糖，颜色越黑越苦。除了苦味的增加，你通常还会感受到咖啡中酸度的降低。

酸度在咖啡中是一个复杂的话题，而且对此的分歧很大。酸度通常与咖啡豆的密度相关，关乎咖啡的生长方式。在较高海拔地区种植的咖啡生长得更慢，密度也更大，通常具有更高的芳香复杂度和更好的甜感，但这不是线性的，所以不要只寻找最高海拔的咖啡。有趣、复杂而美味的咖啡往往具有更高的酸度。

对于咖啡烘焙商来说，难点在于尽可能地保留咖啡的固有特性，构建一层令人愉悦的烘焙风味用以支持整体，并平衡咖啡中的酸度，制造一种愉悦的体验。果酸会带来反差、多汁、清爽、令人兴奋且愉快的感受。但如果豆子没有烘好，那就可能是尖酸、刺激而令人不快的。

咖啡烘焙的困难之处在于，在甜、酸和苦之间找到平衡，而这需要很多实践经验才能精准地做到。困难还在于，那个平衡点确切在哪里，我们并没有完全的共识。这使得咖啡的烘焙成为食品制造实践、哲学与美学的组合。一家咖啡商通常对咖啡的味道有一个共同的想法，且理解并不是每个喝咖啡的人都会同意他们的想法。

这就是为什么大家对于什么是中度烘焙没有真正的共识，因为每个人在烘焙色谱上的起点都略为不同。举一个极端的例子，星巴克最浅的烘焙（它的金色烘焙）比大多数精品咖啡品牌最深的咖啡豆都要深。

家用咖啡冲煮指南

可溯性

很长一段时间以来，我都将可溯性作为购买优质咖啡的最佳捷径。如果咖啡来自一个非常具体的地方，比如一个农场、一个合作社或特定的处理厂，那么它很可能质量非常好。

将特定批次的咖啡在整个供应链（从农场到杯中）中单独区分会增加成本。只有当咖啡可以根据其风味以高价出售，即咖啡的质量很高时，这项投资才值得。这条捷径不完美，却相当有效。

对我们来说，看到一排装在不同麻布袋里的咖啡生豆时，真正的挑战在于辨别哪些是真正可溯源的，哪些只是看起来像。由于土地所有权的复杂性，你不能仅仅建议人们只买单一庄园的咖啡豆。这么做的话，在许多咖啡生产国你会排除许多

优秀的生产者（和咖啡），因为他们没有足够被视为单一农场的土地。在肯尼亚，你买到的咖啡可能来自一个为数百乃至上千的生产者加工咖啡的水洗处理厂，那可能是肯尼亚的顶级咖啡。但同样水平的可追溯性，在哥斯达黎加买不到最好的咖啡。为了提供更好的指导，我最终写了《世界咖啡地图》，试图按国家或地区详细分解这些信息。但我仍认为可溯性是最有用的质量指标。

处理法

在典型的精品咖啡豆包装上，会有很多关于咖啡本身的信息。这些信息的范围和细节会因烘焙商而异，但我认为其中特别重要的，就是所使用的处理法，幸好这个信息几乎都会被标识出来。

当你挑选咖啡果实时，你的目标是采收成熟度最高的，尽管事实上你想要的不是果实而是里面的种子。如何从果实中取出种子对它们的风味有很大影响。这里先不介绍详细处理过程，我想关注的是其对风味的影响，以及咖啡中一个特殊的风味——发酵风味。

从历史上看，发酵风味在许多咖啡中并不被认为是令人愉悦的，且人们发展了许多工艺以减少发酵的味道。水洗处理法将种子从果实中挤出，进行小规模发酵以分解粘在种子上的果肉，然后将其清洗干净再干燥。水洗处理的重点是最大限度地减少发酵或"异味"，尽快去除种子外的糖分，以防止糖分助长可疑风味的发展。

水洗或湿处理法的挑战在于需要大量的水。处理法中耗水量最少的是日晒处理，这个方式是采摘后直接将整个咖啡樱桃果晾干，然后将其去壳以获取里面的种子。在阳光下晒干果实会引发一些不受控的化学反应，从而产生发酵的水果味。有些人喜欢发酵产生的蓝莓、杧果、菠萝或其他热带水果的风味。另一些人觉得这些味道更像腐烂的水果，而不是有趣的水果沙拉风味，从而觉得反感。了解你对咖啡中发酵风味的喜好，对未来购买咖啡豆会非常有帮助。

这里没有道德上更高尚的选择，喜欢或不喜欢都是可以的。咖啡行业本身也是分裂的——一些烘焙商不会购买和烘焙日晒处理的咖啡，他们认为这个过程扼杀了风土（terroir）的味道。我认为烘焙商有远见并相信所销售的产品很重要，所以我支持各种观点，且水洗和日晒双方也都有支持的受众。

其他处理方式往往会在咖啡上留下

更多的果肉，比如蜜处理或去果皮日晒（pulped natural）。蜜处理是一种非常多样化的处理方式，所以我们很难对这个处理方式如何影响味道一概而论。此外，有越来越多精致的和实验性的发酵方式在水洗咖啡中得以应用。这些处理方式通常会以华丽的用语清楚标示，因此你不太可能将它们误认为普通的水洗咖啡。

波旁

卡杜拉

科纳

瑰夏

品种

葡萄酒行业在传达品种对口味的影响方面做得很好。大多数葡萄酒爱好者对一杯霞多丽或赤霞珠都有自己的看法。

咖啡也经常按品种出售，但我不太建议盯着一个咖啡品种来喝。生产者通常出于非常实际的原因选择种什么品种：有些品种产量较高；有些品种长得较矮，因此更容易手工采摘。许多生产者获得不同种子的机会有限，因此他们只能从有限的选择中进行挑选。

一些咖啡品种的风味特征不受风土影响，但这类品种相对少，我认为盲猜一杯咖啡是波旁还是卡杜拉是非常非常困难的。

烘焙商通常会在袋子的标签上列出咖啡的品种，不过更多是作为可溯性的证明而非饮用指南。

烘焙商也很少将品种与其生长背景联系起来，因为你需要对咖啡有相当深入的了解，才能知道在哥伦比亚种植的 Wush Wush 非常罕见，在印度尼西亚种植波旁是不寻常的。

像瑰夏［Gesha，通常被尴尬地称为艺伎（Geisha）］这样的品种，很一致地具有花香和柑橘味，因而既不寻常又相对有价值。但是，我想说你看到的品种有 90% 都很难为其编写风味描述（flavour notes）。

风味描述是什么意思

咖啡中的风味描述有着标准化的形式，但颇有争议且容易引发争端。

我想在这里介绍的是如何阅读这些咖啡饮用体验的关键词，方便你从一堆咖啡豆中选出一包满意的。

我相信咖啡的三个关键词会决定大多数人的爱恨体验：

酸度：正如我们在第14页所说，酸度是一个复杂的话题。有些人喜欢咖啡中的酸味，有些人觉得它令人不愉快，不该出现在咖啡中。我认为精品咖啡中的酸，正是令它与众不同的特质之一，但更重要的是喝起来要足够均衡。

果味：正如我在第18—19页所述，咖啡风味味谱的一端是发酵水果风味，有很大一部分咖啡饮用者讨厌这类味道，但同时也有相同数量的人超级喜欢，而大多数人是比较开放的心态。味谱的另一端是没有水果味的咖啡，而在味谱的中间是我称为干净水果味的风味。

质地：咖啡喝起来的口感很重要，但对人们来说价值不高因而很少有人讨论。

咖啡可以像茶一样清淡，也可以厚重而浓郁，也可以介于两者之间。

解码包装上的产品说明

咖啡豆袋上的说明用语，可以让你了解咖啡拥有怎样的酸度、果味和质地。描述不是绝对的——与品尝、销售过这些咖啡的人直接交流是无可替代的，但我认为说明也很有帮助。

新鲜水果风味：如果你在标签上看到浆果类、梨果类（苹果、梨等）或柑橘类水果，那么我认为这类咖啡的酸度较高，可能会很甜。如果你讨厌酸度，而新鲜水果风味占了大部分或者是主要的风味描述，那么我就不太推荐你去饮用它。这类咖啡的醇厚度通常是清淡到中等。

热带水果风味：我会把草莓和蓝莓放在这个类别当中，还有一些水果如杧果、荔枝、菠萝等，这类标签表明咖啡中可能会有发酵的味道。如果你不喜欢发酵风味，那么最好避开有这些风味描述的咖啡。这类咖啡往往有较高的醇厚度。

煮过的水果风味: 如果你看到的描述与煮过或加工过的水果有关,如果酱、果冻或馅饼(比如樱桃馅饼),那么这类咖啡往往有不那么突出的酸度,通常比高酸度的咖啡有更高的醇厚度。

褐变风味: 我希望有更好的词可以表述烘焙过程中宽广复杂的褐变风味(browning flavours)。你经常会在标签上看到巧克力、坚果、焦糖、太妃糖等。如果看到这类风味描述,并且没有水果,那么我预计这款咖啡的酸度较低并且会有中等到厚实的醇厚度。

苦味: 对于深烘焙咖啡,你可能会看到烟熏味、黑巧克力味,有时也会有糖蜜之类的描述列出。这种咖啡预计会有更厚实的醇厚度,很低或者几乎没有的酸度,品尝时口腔的前部和中心会有更多的苦味。

我承认这个部分我说得过于简单。优质咖啡的乐趣在于它的多样性;一杯就可以带来惊人而令人难以置信的各种体验,我不希望大家错过这一点。我鼓励你测试自己喜好的界限,上述指导则可帮助你避免买到一袋心里非常想把它扔掉、再也不想喝却必须生气喝完的咖啡。

最后,如今是一个竞争激烈的时期,许多烘焙商都希望能与消费者建立关系。如果你买了一袋咖啡但你不喜欢,那就让他们知道——几乎所有烘焙商都希望有机会为你提供你真正喜欢的东西,并了解他们的产品为什么让你失望。虽然没能提供你喜欢的咖啡,但他们还是希望知道原因并让你理解,而不是再次让你失望。

家用咖啡冲煮指南

2

好咖啡的基本要素

当你爱上咖啡时，很难抗拒购买和囤积咖啡器具并升级设备的诱惑，虽然这是任何爱好中令人愉快的环节，但有可能为初学者制造门槛。在本章中，除了选择咖啡冲泡器具，我还想介绍我认为绝对必要的东西。

对于器具，我将尽力帮助你避开制造商设置的廉价器具陷阱。为了压低价格，其性能通常会大打折扣，因此应该完全避开。这类器具不仅帮不上忙，还会碍事。你斥资购买的咖啡器具应该能让冲泡过程更愉快，让咖啡味道更好。

而不好用的器具会与你作对，很快就会被你抛弃，成为你家和环境的负担。

刚接触咖啡的新手常常面临两条岔路：是继续沿着手冲咖啡的道路前行，还是有计划地开始攀登美味浓缩咖啡的陡峭险途？这样的二元分法并不绝对，但我要说的是，获得优质滤泡咖啡的道路可能更容易走、挫折更少，而且成本也更低。我将尽我所能为你提供所需的指导，以避开在各条路径上出现的陷阱和死胡同。

家用咖啡冲煮指南

最适合冲泡咖啡的水

说到冲泡咖啡用水，人们很快就会陷入激烈的争论，因为当你开始深入了解一杯咖啡为什么会好喝或者出乎意料地难喝时，最令人气恼的影响因素之一就是水。

水在咖啡冲泡中有两个角色，它既是其中的成分，也是一种溶剂，在很大程度上决定了冲泡时溶解了哪些风味。将水视作一种成分来处理要容易得多，因为它构成了一杯咖啡的主体。一杯手冲黑咖啡大约含有98.5%的水，典型的意式浓缩咖啡也含有90%的水。从这个角度来看，我们首先要关心水是否干净且没有味道，不含氯等污染物。

阅读这本书的人大多打开水龙头就能接到优质的饮用水，接下来的内容也将专注于如何将直饮水用好，不过首先我会修正直饮水的"异味"。最有效的解决方案是活性炭过滤芯，价格很便宜，通常是滤水壶的一部分，这样的滤水壶还具有软化水质的功能。如果软化不是问题，那么你还可以使用只用了活性炭的过滤器，它配有一个很细的过滤网，用于捕捉水中的颗粒。这样的过滤器可以把味道和气味滤掉。过滤器的使用寿命很长，但与任何滤水器一样，你必须注意细菌滋生的可能性并经常更换。

下面我将研究影响咖啡用水的所有因素。由于内容会牵涉水化学，可能会让很多读者望而却步——又是一个让咖啡突然变得难以亲近、困难和过于复杂的领域。这里的目标不是将你的厨房变成科学实验室（除非你愿意），而是让你了解咖啡用水的相关要素，以及你如何根据自己的喜好、预算和对咖啡的兴趣做出最佳选择。

硬水和软水

谈到"硬"水时，我指的是含有大量溶解矿物质（如钙和镁）的水，这些矿物质是在水流经地下时吸收的。相反，"软"水中这些矿物质含量较低。

我经常强调软化水质以减少水中的

碳酸钙含量。碳酸钙来自溶解的石灰质，从热水中沉淀出来就会形成你在水壶或咖啡机中看到的水垢。制作美味的咖啡需要较软的水，但这还不是唯一的要求。

先说一下，如果你使用的是干净没有味道、相对软的水，那么冲泡咖啡就基本没有问题。但是，我现在要声明，蒸馏水或纯净水都不是冲泡咖啡的好选择，制作的咖啡味道不好，而且实际上会腐蚀咖啡机或水壶，因此最好避免使用。

如果你不确定水质软硬，请查看水壶或烧水器具的内部。如果看到水垢堆积，那么水质就较硬。

矿物质

在世界大部分地区，拿起一瓶矿泉水，你会看到标签上的矿物质列表。这些溶解在水中的矿物质，其中有两种是我们特别感兴趣的：钙和镁。两者都直接影响咖啡冲泡，它们有助于将咖啡粉中美味的可溶性化合物萃取出来。含有一些矿物质的水，效果会比不含矿物质的水好。这类矿物质越多，萃取到的物质也越多，但过犹不及。

从咖啡粉中萃取过度会导致咖啡喝起来不平衡、太酸、味道太重。钙和镁在这个过程中发挥的作用有所不同。镁含量较高的水，做出来的咖啡通常酸性更强，风味也不同。与高钙含量相比，高镁含量在直饮水中并不是特别常见。

高钙离子在世界许多地方都很常见，而许多滤水器的工作原理之一是以食盐中的钠离子与水中的钙离子交换。（因为只有钠离子被取代，而不是氯化钠，所以过滤器不会使水变咸。）还有其他离子交换滤水器会影响咖啡用水，特别是水的碱度，我将在后面讨论。

矿物质在热水中析出并在设备内部形成水垢的过程非常复杂，因此我们很难找到理想的钙镁组合。水垢是咖啡设备中的一个大问题。水壶很容易除垢，但浓缩咖啡机或美式机更复杂、清理起来更耗时。此外，水壶可以在打开盖子加水时轻松看到水垢情况，但打开咖啡机查看水垢堆积情况却并不那么容易，往往在设备损坏的时候你才发现水垢问题。

最适合冲泡咖啡的水，可能不是防止水垢的最佳选择，因此，我们要的是一个能让咖啡味道不错且没有损坏咖啡机风险的"舒适区"。值得庆幸的是，这

虽然饮料的酸碱值与其味道的酸度并不完全相关，但缓冲剂肯定会对咖啡的酸度产生影响。

水的碱度水平差异极大，对咖啡有直接而惊人的影响：碱度太低，咖啡会变得酸涩；太高，咖啡会变得索然无味。相较于希望有恰到好处的碱度跟离子浓度——似乎过度苛求了（虽然市场上有能同时解决碱度和硬度问题的滤水器可选），更重要的是让你理解为什么你在家冲泡出来的咖啡喝起来会是某种感觉。理想情况下，碱度与水中的矿物质有固定的关系。更多的矿物质含量意味着更高的萃取能力，而更高的碱度可以防止因为高萃取能力而产生的令人不快的果酸或者尖酸。然而，现实世界很少以这种方式运作。

个"舒适区"还是相当大的。本章的重点是帮助你做出明智的决定，而不是让你对原本不复杂的直饮水产生焦虑。

碱度

在水对咖啡萃取的影响中，矿物质的作用只占了一半。水以雨的形式降下后，经过漫长的旅程到达你的水龙头，过程中从基岩溶解的碳酸钙（石灰石）会以钙离子和碳酸氢根离子的形式存于水当中。碳酸氢根离子是缓冲剂，简单来说它们可以调节水或咖啡的酸碱值。

推荐的水质

注意：没有完美的水质配方，人们对咖啡有不同的偏好和期望，水可以也应该在其中发挥作用。不是每个人都想要高萃取度、清爽、明亮的酸度。每个人对咖啡风格有着不同的需求，人们想要不同烘焙度的咖啡，意味着某些人用直饮水就效果不错，而他的邻居用同样

说，在这个问题上我们并没有令人满意的答案。话虽如此，还是有几种方法可以获得最适合冲泡咖啡的水。

从自来水开始

首先要做的是了解自来水中的矿物质含量。在世界许多地方，只要准确无误地提供邮政编码，就可以从自来水公司的网站获得水质的信息。如果这条路行不通，那么你可以在网上以非常便宜的价格购买水质检测套件。最划算的是家庭水族箱拥有者用的套件，他们非常了解保持理想水质的痛苦。检测工具很耐用，可供你持续追踪水质——这对于那些全年水源有变化的家庭特别实用。

如果水质在推荐范围（见第35页）附近，那么我建议你使用一个简单的滤水壶。碧然德或倍世净水的滤水壶随处可见，Peak则是针对咖啡开发的滤水壶（同时还测试碱度）。滤水壶相对便宜、方便，如果你寄回给厂商回收，过滤器内部的离子交换装置可以循环使用，且回收方便（大多数厂商会付邮回收）。唯一需要注意的是，这类滤水器容易发霉和滋生细菌，因此无论滤芯使用频率如

的水冲泡不同烘焙度的咖啡，可能就会备受挫折。

水配方指南通常以图表形式呈现，Y轴表示硬度（总矿物质含量），X轴表示碱度。我推荐的配方范围会相当宽泛，但如果想把咖啡中所有美好的风味物质都萃取出来，那么可以把水配方作为调整和逐步改进的好机会。

如何获得优质的咖啡冲泡用水

理论必须经过实践的检验，坦率地

水质范围建议表

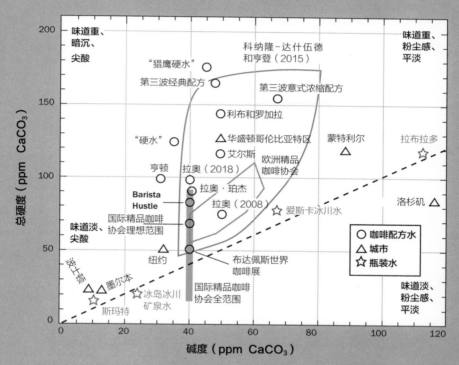

没有所谓的最佳配方或水，但你通常会在网上的推荐配方、瓶装水或某些城市的自来水中找到硬度和碱度之间的平衡。上图由《天文学家的咖啡物理学》的作者乔纳森·加涅（Jonathan Gagné）制作。总的来说，图中重点介绍了关于水化学和咖啡冲泡的各种研究［由美国精品咖啡协会（SCAA）和欧洲精品咖啡协会（SCAE）[1]完成］以及马克斯韦尔·科隆纳－达什伍德（Maxwell Colonna-Dashwood）和克里斯托弗·亨登（Christopher Hendon）在他们的书《咖啡用

水》（*Water for Coffee*，2015）中提出的建议。

在绿色、蓝色和红色区域的水，基本上都能冲泡出好喝的咖啡。水的硬度水平取决于水中的碳酸钙（CaCO₃）等矿物质，单位是百万分之一（ppm）。软水中碳酸钙含量通常小于50ppm，而硬水中则超过200ppm。

1　目前SCAA已经与SCAE合并为国际精品咖啡协会（Specialty Coffee Association），简称SCA。——译者注

　　　　　　家用咖啡冲煮指南

何，每个月都应该按照生产商的使用建议更换。

如果水质情况非常不理想，那么有一个更极端的解决方案：去除水中的所有东西并重新加入矿物质。最简单的方法是使用像零水这样的滤水器，它会去除所有矿物质，产生几乎纯净的水，然后，你可以向水中加入自己的配方（我会在后面的部分提到）或者像 Third Wave Water 这样的产品——它是一袋矿物质粉末，溶解在蒸馏水中就形成优质的咖啡冲泡水。这种方案不会非常昂贵，只是比较花时间。

另一种选择是反渗透（RO）过滤器。它会将水推过一张极细的过滤膜，细到只有水可以通过而溶解的离子不能，这个装置常见于水质很硬的区域，但有一些明显的缺点：昂贵而且很浪费。通常，RO 过滤器至少需要两升自来水才能产生一升过滤水；另一升变成矿物质浓度非常高的废水。某些商用过滤设备可以使用少量这种非常硬的水跟纯净水混合，以获得所需的矿物质水平，但在家用环境中，我不确定是否要建议你这样做，除非你有比较高的预算并需要大量软水。

咖啡配方水

自己调配咖啡配方水看起来有点极端。不过，只要在开始时稍加努力，很容易就可以根据自己的口味或在网上找到的推荐配方，调配实惠的咖啡配方水。如果读者感觉我小题大做了，我想再次强调，水对咖啡的影响巨大，而有些地区的自来水状况太差，没有其他好的解决方案。

制作咖啡配方水需要两个要素：矿物质和碱度。这两个要素分别都有比较容易获得的原料，再加上水和电子秤，便可制作咖啡配方水。

硫酸镁：这是一种含镁化合物，利用它你可以很方便地向水中添加镁。

碳酸氢钠（小苏打）：会增加水的缓冲能力或碱度。

蒸馏水：可以使用零水过滤器获得，或者购买蒸馏水或去离子水。

精确到 0.01 克的秤：可以在线上购买，虽然便宜的秤可能不能真正精确到0.01 克，但够用了。

为了让以后的计算更容易，最好制作两种溶液，一种是矿物质溶液，一种是缓冲液，浓度为1000ppm（百万分之一）。

配方如下:

- 每升蒸馏水溶解2.45克泻盐。
- 每升蒸馏水溶解1.68克碳酸氢钠（小苏打）。

现在你可以制作各种配方，匹配世界各地城市的水，或参考行业内咖啡专家的配方水（如第35页图表所示）。建议查看www.baristahustle.com，这里有配方、配方计算器以及更多关于咖啡和冲泡的信息。

瓶装水

仍然有很多人推荐使用各种瓶装矿泉水冲泡咖啡，过去我也推荐过，但如今我不再建议将瓶装水作为日常冲泡咖啡的选择。

瓶装水很容易突出水的影响，购买两个截然不同的品牌，比如依云和富维克，然后分别冲泡，咖啡的味道会有明显的区别。

然而，虽然一些品牌矿泉水和超市自有品牌的水非常适合冲泡咖啡（现在你知道如何看标签了），但我仍然对瓶装水带来的浪费和环境影响深感不安。不能否认瓶装水是一个高效的选择，在某些情况下甚至经济实惠，但我还是建议使用瓶装水的人时不时找找替代方案。

秤

一套至少精确到1克的厨房电子秤是冲泡一杯好咖啡的重要工具，只是会立即让咖啡冲泡显得科学、烦琐又有点儿自命不凡。从我自己的角度来看，我认为一个电子秤可以极大地简化咖啡制作过程。

称量咖啡粉时，也可以用勺子测量体积来替代秤，我个人不喜欢这种方式，因为我不想考虑一勺咖啡粉是平还是满，我用的勺子尺寸是否正确。"焖蒸"（粉膨胀和起泡）使得肉眼判断应该加多少水变得极度困难，焖蒸的水量与咖啡的烘焙方式和养豆时间有很大的关系。

咖啡冲泡参数可以简化为数字，只要准确地依循相应的参数，制作咖啡时令人沮丧的不可控因素就会消失。令人惊讶的是，咖啡或水在用量上的任何微小变化都会使你冲出来的咖啡味道明显地不同。如果你是有意识地想试验不同的冲泡方式，这样的变化相当有趣；如果你只是想用一杯好咖啡开启一天，这就太让人抓狂了。

我发现我必须先喝一杯咖啡，才能决定需要的咖啡粉量或水量。这对我来说很残忍，所以我希望可以尽量减少思考，寻求外援，让别人来替我思考。电子秤能辅助我因缺乏咖啡因而迟钝的大脑，无须多想即可轻松完成咖啡冲泡要点并制作出美味的咖啡。这是电子秤对我的首要价值，其次才是给了我一个实验和探索的平台。

过去，我建议使用小型珠宝秤，因为这样可以用最低的价格获得0.1克的精度，但现在我建议使用更大的秤。大多数咖啡秤都可以放在滴水盘上，这样即使只是冲泡意式浓缩，也可以在冲泡时对其称重（请参阅《如何制作浓缩咖啡》一节，第173—179页）；也可以用来称量手柄（如右图所示），从而轻松地称量咖啡粉的用量。较大的秤也放得下绝大多数的手冲器具。

厨房秤的价格越来越低，不用花多

家用咖啡冲煮指南

少钱，你就可以获得这个既可用于咖啡也可用于烘焙等烹饪用途的设备。许多咖啡秤现在精确到0.1克，还具有计时功能。这些功能很有用，但并非完全必要。大多数人都有智能手机，手机都会带有计时器，但我更倾向于早上尽量晚一些再开始使用手机。

智能秤

到目前为止，我只讨论了通常被称为"傻瓜秤"（Dumb Scales）的东西，与之相对的是支持无线网络或蓝牙连接的秤，这类产品现在随处可见并被大力推销给家庭咖啡用户。我觉得这个绰号非常不公平，因为"傻瓜秤"确实拥有所有必需的功能，而"智能秤"则充满了价值可疑的附加功能。

我认为用智能秤收集或查看数据有一定的价值，但仅限于特定的情况。我不喜欢在冲咖啡的过程中还得用手机，将手机与咖啡秤配对很痛苦，明明只想赶快喝到第一杯咖啡，秤却毫无缘由地连不上手机，这实在令人抓狂。

我给大多数人的建议是，只有需要解决非常具体的问题时才考虑使用智能秤，大多数智能秤的程序和设计都不太好，既不能提供有意义的分析，也不能提供明显的帮助。在某些情况下，这些秤的制造质量更好，防水等级更高。我在收集实验数据时使用智能秤，但这只占我冲泡咖啡的一小部分时间，所以我无法进一步推荐大部分人使用智能秤。

很多人想要的是一套做工精良、防水、快速、准确的傻瓜秤。后两点实际上是相互矛盾的。秤在测量时，数据通常会受到很多干扰，例如将水倒入手冲器具而产生的震动。为了保持准确，秤会收集大量数据，然后对其进行处理以消除干扰，使得响应速度变得稍慢。秤显示读数的速度越快，准确度可能就越低。这项技术在不断地改进，但必须指出实现这一点很困难，并说明为什么准确、高价的秤通常似乎比便宜的秤慢。

磨豆机

想在家制作出一杯好喝的咖啡，咖啡磨豆机是你最好的投资。理由很充分——因为这绝对没错。

如果你深入研究，会看到一些对比实验：预先用高端商用磨豆机研磨的咖啡粉，味道比廉价家用磨豆机的现磨咖啡粉要来得好。这是一个有趣的实验，但买咖啡粉让我错失了在冲泡之前感受现磨咖啡的香味所带来的真实愉悦感。此外，我们无法使用磨豆机的粗细调节功能来获得与咖啡豆和冲泡方式完美匹配的研磨度。（有关更多详细信息，请参阅《咖啡冲泡的底层理论》一节，第78—79页。）

砍豆机

刀盘与刀片

咖啡磨豆机有两种类型：刀盘式磨豆机（burr grinders）以及使用刀片的砍豆机（blade grinders）。砍豆机可以带来新鲜研磨咖啡的芳香乐趣，但遗憾的是实用性有限，它使用一个小刀片在研磨室内以极高的速度旋转，将豆子切砍并粉碎成碎片。碎片有大有小，从非常细的粉末到较大的碎块不一。唯一可以控制的是砍豆机运行的时间，这样的研磨精度非常低。升级到刀盘式磨豆机是我在本书中给出的最强烈的建议。

刀盘式磨豆机的定义是内部有两个切割刀盘。一个是固定不动的，另一个由马达驱动或手动旋转。如果你有一个胡椒研磨器，那么你就已经拥有了一台基本的磨豆机，只是新鲜研磨的胡椒粉对菜肴的影响大概只有一台好磨豆机对咖啡的影响的十分之一（因为咖啡粉是制作一杯咖啡的主要成分）。

选择磨豆机时，实际上需要从四个方面进行评估，以确定它是否符合你的需求和预算。这些将在以下几页中讨论。

1. 刀盘

磨豆机内刀盘有两种主要形状：平刀与锥刀。刀盘通常由金属制成，有些比较便宜的磨豆机也会使用陶瓷刀盘。刀刃的设计会呈现各种几何形状和排布。内部较大的刀刃初步破碎咖啡豆，大颗粒沿着刀盘向外移动，会被越磨越细，直到足以从刀盘的缝隙中跑出去。调整磨豆机时，调整的就是刀盘之间的间隙以及咖啡粉离开研磨室时的大小。磨豆机使用几种不同的机制来调整刀盘距离，

从用户的角度，你要么旋转刀盘上的刻度盘[1]，要么旋转主体上的轴环[2]。刀盘的机制可以让我们进行非常细微的粗细调整。

业内目前的看法是，有些刀盘适合滴滤式咖啡，有些则适合浓缩咖啡，还有一些尝试兼顾两者。如果你还处于咖啡之旅的早期阶段，那么我会告诉你，刀盘之间的差异其实非常小，购买一台更适合制作浓缩咖啡的磨豆机不会让你的滤泡咖啡变得难以入口。

如果预算允许，我建议你购买金属

1　即内调式。——译者注
2　即外调式。——译者注

平刀

锥刀

刀盘的磨豆机，研磨质量通常更好。（任何规则都有例外，但我认为这是很好的建议。）磨豆机如今变得越来越贵，占生产成本很大一部分的就是刀盘，刀盘的质量越来越好了，因此能研磨得更精细，使用寿命也更长。

要小心那些看起来是刀盘磨豆机但非常便宜的东西。那种磨豆机通常低于50英镑（约合人民币410元），刀盘不是以切割的形式研磨咖啡，而是将其粉碎和压碎，效果很不好。可靠的电动磨豆机，我推荐的起步价大约为100英镑（约合人民币830元），不过通常还是磨得不够细，所以无法制作浓缩咖啡。可制作浓缩咖啡的磨豆机贵得多，因为需要一个特殊的组件——电机。

2.粗细调节机制

如前几页所述，刀盘磨豆机具有调节机制，可根据冲泡方法的要求将两个刀盘靠近或分开。调节方法有两种：步进式调节和无级调节。步进式的调节刻度是固定的，这样的刀盘调节方式对调节量指示得更详细，更容易复现。注意，每个品牌的磨豆机之间的刻度大小并不

通用，一些磨豆机的一格会比其他磨豆机的一格产生大得多的粗细变化。

无级调节通常被认为是更好的方式，并且对于浓缩咖啡的制作来说几乎是必不可少的，制作浓缩咖啡需要通过细微的调节以找到最好的结果，许多步进式

调节磨豆机调整一格要么太粗要么太细。虽然无级调节磨豆机在使用上的确有点儿棘手，令人受挫，但大多数刀盘上会有图示，标识出制造商认为合理的粗细"刻度"（如上页图所示）。

3.电机

电机占了磨豆机的很大一部分成本。研磨咖啡需要合理的扭力和功率，通常便宜的磨豆机在性能上会受到电机的限制。想磨得越细，电机需要的扭力就越大，因此便宜的磨豆机在磨意式浓缩豆时，常常会出现卡豆的情况，所以厂商通常会有特殊的设计，预防你将咖啡粉磨得太细。

更强大的电机使得浓缩咖啡磨豆机起步价约200英镑（约合人民币1660元），并且一路飙升。这个价位的磨豆机，电机会以非常高的每分钟转数（RPM）运行，以积累足够的动力，从而实现浓缩咖啡所需的更精细的研磨。

目前还没有大量证据表明研磨转速对咖啡口味有影响，但高端磨豆机通常也能够以较低的转速进行研磨，在某些情况下甚至可以变速。

4.单次量对比豆仓

过去，家用磨豆机在顶部都配有一个可盛装一袋咖啡豆的豆仓（hopper），但这样的磨豆机最近已不再流行。原因有二。第一，我们越来越关注新鲜度。咖啡最好存放在干燥、密封的容器中避光保存，磨豆机上的豆仓并不能真正满足这些要求。第二，人们喝咖啡的方式也发生了变化。越来越多的人会同时喝两种或更多不同的咖啡，清空豆仓然后再换上另一款豆子根本不切实际。越来越多的人只将单次量（single dose）的咖啡放入磨豆机中，冲泡前才研磨。于是更多无豆仓或专为单次量研磨而设计的磨豆机出现在市场上，这反过来又增加了对磨豆机内残粉的关注。每台磨豆机研磨后都会残留一些咖啡粉，而单次量磨豆机的目标是尽可能接近零残粉。从历史上看，带有豆仓的磨豆机在设计中较少关注残粉，因为这类磨豆机主要目标是方便和尽量保持稳定一致。在考虑要买哪一种磨豆机时，先想想日常的冲泡习惯：是否想要轻松地获得单次量的灵活性，以及是否会频繁地调节研磨粗细。

这些是你购买磨豆机时需要重点考虑的，此外你还要想一想是否想要制作意式浓缩咖啡，以及将来有没有这种可能性。然后还有其他的因素要考虑：外观、噪声（声音的响度和悦耳或刺耳的程度）以及该产品在你的居住地是否支持售后。

对很多人来说，海淘是一个非常诱人的选择，但我一直提倡购买对零件和维修提供良好支持的咖啡磨豆机，这一点对意式咖啡机也尤其重要（参见《如何选购意式咖啡机》与《机器如何加热水》两节，第158—167页）。

手摇磨豆机

讨论磨豆机就不能不讨论手摇磨豆机。手摇移除了昂贵的电机，与同类电动产品相比，我们就可以以低得多的价格购买优质的磨豆机。不过，有几点需要牢记：

入门级磨豆机用的通常是陶瓷刀盘，当然现在也出现了很多带有金属刀盘的手摇磨豆机。如果你想买到高性价比的磨豆机，请选择金属刀盘。如果你只是想试一试自己磨豆子，看看效果，那么买个25英镑（约合人民币200元）的入门磨豆机也行。

便宜的磨豆机除了在刀盘组上有所妥协，用来稳定刀盘的零件也不会用得太好。转动刀盘时，驱动轴通常会有些晃动，这意味着刀盘之间的间隙会不一致，因此研磨会不太均匀。更好的手摇磨豆机在设计和材料方面都会有更好的结构，以防止这种情况发生。

数百甚至上千元的手摇磨豆机都有。整机材料、刀盘设计和制造的精细度是我们花了钱后可以明显感受到提升的部分。一台250英镑（约合人民币2100元）的手动研磨机的性能通常可以与500~1000英镑（约合人民币4100~8200元）的电动研磨机一样好。代价是每天早上得花费更多的体力跟时间来磨豆子，尤其在更细的研磨设置下。有些人非常喜欢磨豆仪式，通过手工的过程获得细致研磨的新鲜咖啡粉，这个沉浸式的体验，让他们更享受冲泡和饮用咖啡。然而有些人，比如我，觉得手磨的工作量超过了它的价值——所以我更愿意把钱花在电动磨豆机的电机上。

家用咖啡冲煮指南

其他配件

到目前为止，我已经介绍除了咖啡冲泡器具以外的基础器具（我将在第77—119页《如何冲泡出一杯美味的咖啡》一章中介绍冲泡器具），除此之外，没有其他必要的器具了。

现在正适合讨论一些关键的随身用品和小配件，这些用品和配件可能会在你的咖啡之旅中的某个时刻，引起你的兴趣。

咖啡储存用具

有大量专为储存咖啡而设计的罐子或袋子，精品咖啡行业使用的包装袋经过多次迭代，通常是储存咖啡最简单也最好的方式。如果袋子有拉链密封，那就再好不过了。然而，有时你可能会因为拉链袋无法密封或从袋子中取用不便，而将这袋咖啡豆倒入其他容器当中。

储存容器分为三大类：

气密或单向阀容器罐： 这样的容器设计很简单，就是为了密封。有些会有一个单向阀，可以让咖啡豆中的二氧化碳逸出，但这不是必需的。你也可以使用广口玻璃瓶（梅森罐）或特百惠，功能上跟专为咖啡设计的容器一样。如果你使用透明玻璃或塑料容器，请确保将其保存在暗处，因为光线会加速老化过程。

空气置换罐： 这种容器有一套机制能置换容器中的大部分空气，通常有一个密封盖可以下压到咖啡豆上。它不会显著延长咖啡豆的保存期限，在大多数人饮用一袋咖啡的时间跨度内看不出显著的优势。通常制作精良，让人喜欢，并且提供一种咖啡得到妥善保存的安心感。

真空容器： 这种容器有一套机制可以将大部分（绝不是全部）空气从容器中抽出，在中长期储存方面比其他任何容器都略有优势。如果你用它储存非常新鲜的咖啡，抽真空后第二天发现真空失效了，请不要担心，那是因为二氧化碳在负压下从咖啡豆中释放出来，空气跑进容器中的概率不高。真空容器是最贵的，但如果预算允许，而且你想尽可能长时间保鲜，那么可以考虑入手。

热水壶或手冲壶

虽然加热水不一定要用手冲壶，但手冲壶确实值得讨论一下，因为用来冲咖啡的壶有多种不同的选择，而且价格差异很大。

手冲壶：也称为鹅颈壶，在手冲和一些其他咖啡冲泡方法中非常受欢迎。

又长又细的壶嘴可以控制热水缓慢倒出。它的形状可以让你在离咖啡粉床很近的地方将水倒入，从而尽量减少水

家用咖啡冲煮指南

落入咖啡粉时造成的扰流。这种壶以前非常昂贵,但慢慢地价格已经下降了很多,如果你经常手冲,那么我认为手冲壶很有用,建议购入一把。更好的壶可以直接用燃气、插电或电磁炉加热。有些人则选择先用水壶烧开水,然后迅速倒入手冲壶中冲泡。

温控手冲壶:这种手冲壶在某些情况下很有用。如果你还没有电手冲壶,那么温控壶肯定很方便。针对冲泡中度至深度烘焙咖啡,能够始终如一地保持较低的水温(80~90℃)非常有用。

然而,上面这两种壶通常都不适合作为多功能热水壶。如果你的家人常喝茶,那么这两种壶的容量就不够大。如果你使用的是像法压壶或爱乐压这样的浸泡式冲泡器具,不需要缓慢控制水流,用普通的水壶就可以了。还有一些具有温度控制功能的传统热水壶属于折中方案,专为需要较低温度热水的白茶、绿茶或乌龙茶的饮茶者而设计。

手冲咖啡

手冲咖啡(pour-over coffee)在近期变得非常流行。其实过去几十年来,它一直是家庭冲泡咖啡的方式,但从21世纪第一个10年中期到第二个10年初,手冲咖啡在精品咖啡馆中再次兴起。

手冲咖啡的范畴相当宽泛,被定义为一种过滤式冲泡,咖啡粉通常置于锥形冲泡器内的滤纸中,水加在咖啡粉上,然后滴入下面的杯子或玻璃壶中,以这个方式冲泡的咖啡常被称为滴滤咖啡(drip coffee),这个名称也用于咖啡馆中更大规模的过滤式冲泡。手冲咖啡之所以受欢迎,是因为它入门成本低,很适合冲泡一两杯的量,而且在冲泡的过程中有足够的仪式感,让你真正获得做咖啡的满足感。

在你选择你的第一个手冲器具时,其形状、样式和选项都在不断增加与丰富,好消息是,每种款式中最便宜的产品通常由塑料制成,在保温方面性能优于玻璃、陶瓷或金属,因此使用塑料滤器是一个很棒的开始,尤其适合浅烘焙的咖啡豆。

家用咖啡冲煮指南

分享壶

　　最后一个值得讨论的器具是分享壶。它显然不是一个必备的器具，但属于很让人喜欢的品类。许多器具被设计成单杯分量，也有些可以容纳两杯以上。在这种情况下，你会想要先在一个容器中冲泡咖啡再与人分享，而分享壶正是为了这个目的而存在的。

　　最初，专为咖啡而设计的分享壶选择有限，所以这些产品会有点贵。但现在情况已经改变了，有越来越多精美的器具出现，大多数是玻璃材质——我推荐玻璃，单单是因为用玻璃壶承接咖啡会很美，当光线透过时你会看到微红色调，这无疑会为早上喝咖啡时的你增添一些乐趣。

　　我在这里并没有真正谈到咖啡杯或者专为咖啡品鉴制作的玻璃器皿，还有太多值得探索的东西，但那些就属于个人爱好的世界了。外观合意、重量合适、能给你带来一点愉悦的杯子就是适合你的杯子。

3

如何品尝咖啡

提升咖啡品鉴能力最快的方法之一就是多喝，并了解你喜欢或不喜欢某些口味的根本原因。

通过品尝就能改变品鉴能力的想法看起来有些模糊和抽象，但行之有效，最终的结果是令人满意的。当我与人们谈论这一点时，许多人会犹豫，因为他们自认为缺乏经验丰富的品鉴师那样的味觉或技能。然而，只要稍加指导，他们就能够准确地感知微小的变化，轻松地尝出配方或参数技巧的改变如何提升咖啡味道，令人难以置信。毫无疑问，品鉴是一项熟能生巧的技能，但几乎每个人都有能力成为优秀的品鉴师。

好咖啡的乐趣在于它的味道，而当你了解了这种美味是如何形成的，为什么咖啡如此美味，以及如何做出美味的咖啡，还会有额外的享受。首先，我想快速分解一下品鉴的机制，然后我会更具体地将其与咖啡联系起来。

口腔与鼻腔

该如何去描述味道还挺让人懊恼的。我们知道，五种基本味觉分别是甜、咸、酸、苦和鲜，通过我们的味蕾在口腔中识别。

口腔还能识别到其他味道和感觉，比如涩味、辣味、辛辣食物的灼烧感或食物的金属味。

你的味蕾以一种相对简单的方式在运作，不同的化合物会触发受体，从而触发中枢神经系统，让大脑知道你正在体验那种味道。你有时会看到"超级味觉者"这样的说法，他们味蕾的数目要比普通人多一些。成为超级味觉者不一定是好事，因为你对咸味之类的味道会比其他人更敏感，所以在为别人做饭时，如何适度调味很成问题。超级味觉者通常不喜欢咖啡，因为他们会比其他人更明显地品尝到咖啡的苦味。然而，成为超级味觉者，并不意味着你味蕾以外的感觉器官对味道的敏感度优于他人。

患感冒或丧失嗅觉的时候，吃东西时你仍然能感知到基础味觉，但有一件东西的缺失会让你心烦——风味。位于鼻腔顶部的嗅球可以识别到食物的复杂性及其风味的决定性特征，而风味和香气一般以挥发性有机化合物的形式出现。稍微展开解释下，挥发物在常温下很容易蒸发，因此会飘浮在空气中。从化学角度来看，有机化合物可理解为一种生物源化学物质。嗅觉的能力非常惊人，当嗅球检测到这样的化合物时，可以立即确定其气味。更令人惊讶的是，即便这种气味从未在自然界中出现过，而是在实验室中制造出来的化合物，你的鼻子也会立即知道它闻起来像什么，例如木头。最重要的是，任何闻到它的人都会有相同的感觉。

味道描述让人特别懊恼之处在于味道和香气之间的区别。香气是通过鼻子感受的，喝咖啡前你会闻一闻，吸入充满挥发性有机化合物的空气。味道是喝咖啡时在口腔里感受到的，吞咽的时候会自动进行所谓的"吞咽式呼吸"。不妨现在就试试看：做一个吞咽的动作，然后你会本能地从鼻子里呼出一点空气，这个动作会将你

之前闻到的挥发性化合物送到鼻腔里的嗅球。然而，大多数人的体会是口腔里的味觉和鼻腔里的嗅觉相融合，实在是难以区分，尤其在喝完咖啡之后。

有一种非常简单的分离味道和香气的方法，你在小时候可能学到过：吃不喜欢的东西时，捂住鼻子。捏住鼻孔，吞咽式呼吸就起不了作用，所以你不喜欢的味道就不会传送给嗅球。如果你手边有任何食物，那么现在绝对值得一试。放下本书，拿起食物，捏住鼻子，咀嚼一下，专注感受一下，然后再松开手。这种感觉就像黑白电影突然切换到彩色的画面一样。

在许多食品饮料中，有大量不同的芳香族化合物需要你的嗅球来处理。而大脑非常聪明，它先是接收味觉信息，而后将其用作挑选后续风味的线索。如果舌头接触到大量柠檬酸，那么你的大脑就会做好辨别柑橘类香气的准备。这就是为什么对咖啡香气的描述有时可以作为咖啡中酸度高低的指南。

拥有品尝并从中分辨出不同味道的能力，似乎令人钦佩不已，就好像品尝者检测并识别了各种挥发性化合物一样。有时事实确实如此，但很少见。在大多数情况下，品尝者是试图在食物或饮料的类别下拆分体验到的味道与香气的融合。如果有人将一杯咖啡的风味描述为草莓味，那并不意味着它具有与草莓相同的挥发性化合物，也不意味着别的品尝者描述的草莓味葡萄酒味道与此相同。虽然某些食物具有客观的风味，但不同的大脑评估和解码海量信息的方式不尽相同，因此味道的体验往往是相对主观的。

幸好，咖啡品鉴并没有错误的答案。如果一杯咖啡的风味让你想起西瓜，但没有人与你有相同的感官体验，并不能说明你错了。迄今为止，你的大脑围绕着你的生活建立了一套独特的味觉体验和识别模式。能够比别人更准确地描述一杯咖啡或一杯葡萄酒的风味，在生活中并没有任何意义。了解你自己喜爱的口味和喜欢的体验，能够关注到一杯咖啡给你带来的丰富且令人愉悦的所有风味，才是价值所在。

坏咖啡好的一面

有一个学习品尝的特殊方法值得提一提。一旦你真正开始关注风味、寻找合适的语言并尝试描绘品尝体验，就很容易不再真正享受咖啡。

最形象地说，它有点儿像准备晚宴。作为厨师，当你开始品尝时，你经常会积极寻找失败点。虽然餐桌上的其他人都称赞这道菜，但你所体验和关注的只是做错的事情：有些食材似乎煮太久了，味道太浓或太淡，你会思考哪里可以做得更好。没有人真的以这种方式评估食物，他们只会问自己一个很简单的问题：我喜欢吗？换位体会一下有人为你做饭，你觉得很好吃而他并不满意的场景。

这是一个微妙的平衡；关注某件事可以揭示更大的美，但你很容易开始关注它的缺陷而非优点。就我个人而言，在我成年后的大部分时间里，有意识地品鉴一直是我工作的一部分，我一直在周期性地与这个问题做斗争。我的建议是时不时品尝一些不太好的食物或饮品。坏咖啡随处可见，非常适合用来重设你对冲泡或饮用的咖啡的期望基线。我们都需要一点点丑陋，才能看到世界的美丽。

比较式品鉴

理解和解构咖啡品鉴的体验，在学习品鉴咖啡时其实是相对容易的，而且无疑非常有效。要在最短的时间内做到这一点，并获得最高的回报，实际上只有一种方法：比较式品鉴。

比较式品鉴在葡萄酒或威士忌等品类中很受欢迎，但在咖啡中仍然相对少见。比较式品鉴，尤其是在有人给予一些指导的情况下，很快就能让你深入了解自己喜欢什么以及为什么。这个练习可以只用两杯不同的咖啡来完成，咖啡更多帮助会更大。如果你是咖啡新手，那么我不建议你同时品尝超过五种的咖啡。在品鉴十几种不同的葡萄酒时，很容易感到不知所措，喝咖啡也是如此。

有指导性的特别笔记——评分表在咖啡行业很受欢迎。我认为调整一下评分表给刚开始品鉴咖啡的人使用，会非常有帮助，它提供了一定的品鉴框架和一个梳理想法的地方。我不认为长期做咖啡品鉴笔记有什么特殊价值——咖啡是一种多变的东西，你不太可能重拾旧的体验。即使你从同一家烘焙公司购买同一个农场的咖啡豆，每年的味道也会有所不同。（虽然我承认做笔记可以让你追踪农场咖啡的年度变化。）

从哪儿开始

比较式品鉴很容易进行，并可根据手边的冲泡器具进行调整。在咖啡行业，咖啡品鉴必须高度标准化，因为品鉴的目的是评估咖啡本身。因此，咖啡会以特定的方式冲泡，以便在多次冲泡多种咖啡时可以复现。但是，如果你只是想比较两杯不同的咖啡，就不需要受到这样的限制。

通常我建议找两个法压壶，冲泡两种不同的咖啡。但是，如果你只有一个法压壶和一个不同的器具，例如手冲，那么用法压壶冲泡一杯咖啡与手冲进行比较也是完全可以的。你也可以做更具体的比较式品鉴来了解特定的信息，比如用两种不同的冲泡方法冲泡同一种咖

咖啡：

	香气	酸度	甜感	醇厚度	余韵	风味	整体印象
程度	淡　浓	低　高	弱　强	轻　重	短　长		/10
质地	-　　+	-　　+	-　　+	-　　+	-　　+		
笔记							

咖啡：

	香气	酸度	甜感	醇厚度	余韵	风味	整体印象
程度	淡　浓	低　高	弱　强	轻　重	短　长		/10
质地	-　　+	-　　+	-　　+	-　　+	-　　+		
笔记							

咖啡：

	香气	酸度	甜感	醇厚度	余韵	风味	整体印象
程度	淡　浓	低　高	弱　强	轻　重	短　长		/10
质地	-　　+	-　　+	-　　+	-　　+	-　　+		
笔记							

咖啡：

	香气	酸度	甜感	醇厚度	余韵	风味	整体印象
程度	淡　浓	低　高	弱　强	轻　重	短　长		/10
质地	-　　+	-　　+	-　　+	-　　+	-　　+		
笔记							

啡。不过现在你只需要两杯不同的咖啡，可能是来自不同地方的不同咖啡，或者是同一种咖啡的两种不同烘焙方式，或者是两种不同的冲泡方法。只要有不同就行，我建议一开始先让两杯咖啡差异越大越好。

两种咖啡冲泡好后，稍微冷却一下。即使你喜欢滚烫的咖啡，在这个练习中也要等待它冷却到温热的状态。原因主要是当品尝对象接近体温时，你的味觉会更加灵敏。极热或极冷会严重削弱你的品尝能力，连最简单的风味也难以品尝出来。冰镇可乐尝起来清爽平衡，甜而不腻。而品尝常温可乐时，甜味会突然变得特别突出，令人不快。这是因为你的嘴巴在常温下可以准确地检测出其中实际含有多少糖分！品尝咖啡时也是如此，如果你从热到冷品尝咖啡，随着咖啡变冷，你会体验到一种味道被"拉开"的感受。咖啡专业人士通常会从热喝到咖啡变成室温的状态，以确保充分体验了咖啡的好与坏。

如何使用品鉴表

左边是一张帮助你入门的品鉴表。

我推荐初学者使用它，因为框架非常简单。每个类别的笔记栏不是都非得用上，它们只是为了方便你记录笔记而已。我建议至少留出20分钟来慢慢地品尝咖啡，因为随着时间的推移，你会惊讶于咖啡的体验会发生如此大的变化，尤其变凉以后。

关于品鉴表第一部分的香气，在前几次品鉴时不一定要用。在开始品尝之前，香气可以让你捕捉对一杯咖啡的最初印象。香气也是咖啡最受喜爱的特性，甚至对那些不喜欢咖啡的人来说也是一种享受。喝前闻一闻：香气浓郁吗？你喜欢吗？不要想着一定要描述出特定气味，除非有什么感受让你印象深刻。

开始品尝时，你可以先专注于咖啡味道中的一个感受。我们以酸来举例子，酸也是咖啡最具挑战性的感受。有些人喜欢它给咖啡带来的明亮、清爽和多汁，有些人则觉得不愉悦。在这一刻，你不需要思考喜不喜欢，只要尝试并注意第一杯咖啡的酸度，然后将其与第二杯进行比较：哪杯更酸？区别很大还是不易察觉？酸度感觉一样吗？然后你可以开始思考它是酸涩刺激，还是清爽宜人。

在表格上，你可以记录下酸的强度，以及你的喜好程度。对于一些人来说，酸度并不是越高越好。

你可以在两杯咖啡之间来回比较，每次只关注一个感受。一旦你觉得了解了一个方面的差异，就开始关注另一个属性：哪一杯更甜？然后你可以关注两杯咖啡的醇厚度（有时被描述为口感）：

一杯感觉更饱满、更厚重而另一杯感觉更轻盈吗？

余韵是咖啡在吞咽后留在口腔里的感觉。咖啡是回味悠长，还是似乎消失了？它留下的是愉悦的感觉，还是你会想喝一杯水来清一清余味？然后我们就可以看看表格上的风味。

记录风味的诀窍是，先使用宽泛的

形容词。没有人期望你一下子就用非常具体的术语来描述咖啡（不过如果你突然想到一个特定的词，那就记下来）。咖啡有果味吗？有坚果味或巧克力味吗？尝起来像咖啡的烘焙味道吗？一旦有了宽泛的类别，你就可以开始向下思考。如果是水果味的，那么它会让你想起什么样的水果？是柑橘类水果的酸味吗？是苹果的清爽果酸吗？会让你想起浆果吗？你可以根据需要继续深入某个类别，葡萄酒或咖啡风味轮可作为此特定过程的指南。有些人发现风味轮更难使用，希望直接使用某种特定的形容词，这么做也没有问题。你也不必非得使用任何特定语言。有人曾在一个品鉴会上用了一个经久不衰的描述，将咖啡描述为"职业生涯晚期的马龙·白兰度"，传达的信息相当多而且惊人地准确！

品鉴的收获

在品鉴结束时，你可以多想想喜欢哪种咖啡以及为什么。喜欢喝咖啡的哪些点？如此品尝的次数越多，你就越了解自己喜欢的口味，从而有助于提高你买到心仪的每日咖啡的命中率。还有一个额外的好处——比较式品鉴总是很有趣，这个过程可以为你本来就喜欢的任何食物或饮料带来新的乐趣，无论是巧克力还是奶酪，也可以帮助你在厨房里开发出更好的食谱。我认识一些在咖啡行业工作了40年的人，他们仍然没有厌倦比较式品鉴。

分享笔记

如果想和其他人一起品尝，我强烈建议让朋友或家人参与其中。在你品尝的时候，我建议先不要谈论你的感受。某人说出一个形容词可能会导致其他人的偏见，他们会去寻找这个形容词对应的味道，从而无法找出咖啡的其他特质。即使是经验丰富的品鉴师也很容易受到暗示。然而，完成品尝后，我就非常建议你跟其他人比较笔记内容，并讨论哪些地方你同意或不同意，边讨论边继续品尝。正如第64—65页所讨论的，你的大脑将一杯咖啡的体验分开并重新组合的方式与其他人不同，因此没有人拥有"正确"的体验或能够写下"正确"的描述。

家用咖啡冲煮指南

4

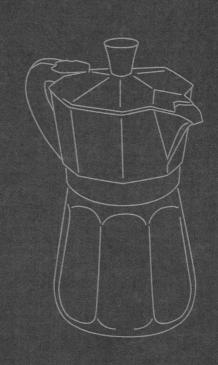

如何冲泡出一杯美味的咖啡

自从人们开始喝咖啡以来，就一直在尝试新的冲泡方法，衍生出的发明数不胜数，其中相当多都备受追捧。这意味着说到如何制作味道更好的咖啡，你需要考虑如何将爱乐压和法压壶这样的咖啡器具都用好。

在本章中，我将介绍几种不同冲泡器具的细节和使用步骤，但在此之前，我将先讨论咖啡冲泡的底层逻辑。这样，如果以后你发现自己面对的是从未见过或者本书没有涉及的东西，大概率也能迅速冲泡出美味的咖啡。

更重要的是，记住这个世界上不存在唯一正确的咖啡冲泡方法。自己倒腾，尝试新事物、新技术或想法会非常有趣。我要介绍的是一些技巧，可以让你尽可能少一些忙乱，减少不必要的工作，从而喝到美味的咖啡。我希望它们能成为你的基本技巧，随着对咖啡冲泡的了解不断加深，你可以从容地使用相关的技巧或者做些变化。而当你只想轻松喝杯咖啡时，又可以简单地用上它们，让每一杯咖啡都美味可口。

咖啡冲泡的底层理论

本章旨在让你了解冲泡好咖啡的基本原理和方法。这里的原则适用于咖啡冲泡的每一种方法，即使你只打算制作意式浓缩咖啡，我也建议你阅读本章开头这个部分。

烘焙咖啡的过程完全改变了咖啡植物种子的原始状态，除了创造出一杯好喝而有趣的咖啡中至关重要的风味和香气，也让咖啡豆变得脆而多孔。咖啡豆研磨后会暴露出更多的表面积，这个表面积决定了冲泡时可以从中得到多少味道。下一小节涉及一些简单的数学（每个人都喜欢！），理解这一点确实有助于把咖啡冲泡得更好，或者理解为什么一杯咖啡不好喝。

了解萃取

在一般的咖啡粉中，将近70%是不可溶的，因此即便你无休止地反复冲泡，之后仍然会有咖啡粉渣要扔掉。可以溶解在水中的是构成杯中咖啡风味的化合物。理论上，最大萃取率在30%左右。

咖啡行业过去常说18%～22%的萃取率是一杯美味咖啡的理想目标范围，这么说有一点儿抽象，所以让我们加上一些数字。

假设你使用500克水、30克咖啡粉手冲一杯咖啡，萃取了咖啡20%的物质。如果你把用过的咖啡渣放在烤箱里非常缓慢地烘干所有残留的水分，那么咖啡渣现在的重量仅为初始重量的80%，即24克。缺失的6克咖啡，溶解在冲泡出来的液体中，并赋予它颜色、香气和味道。

将咖啡粉放进烤箱干燥，一直是过去用于了解咖啡萃取范围的方法。然而，在过去10年左右的时间里，它已经被测量咖啡液体的折光仪（一种可以测量液体浓度的仪器）这种现代技术取代。这意味着我们现在可以将咖啡的折射率转换为咖啡的浓度。

在上文的示例中，折光仪可能显示1.36%的强度。如果液体咖啡（不能使用开始时的500克，因为其中一些水已被咖啡粉吸收）称量出来有440克，那么很容易计算出萃取了多少咖啡（440克×1.36%=6克）。因此，萃取率为6克÷30克（咖啡粉起始用量），即20%。

你还可以烘干咖啡液体，然后测量剩下部分的重量。这就是最简单的速溶咖啡制作方法。一匙速溶咖啡就是纯净的可溶性咖啡材料，它经过冲泡和冷冻干燥后，形成吸引人的小团块，看起来有点儿像新鲜的咖啡粉，然后进行包装和销售。

测量萃取率主要是咖啡行业在关注，用于研究和开发、诊断或帮助咖啡馆出品标准化。理解萃取率是有用的，因为有两个极其重要且常用的术语：萃取不足和萃取过度。

萃取不足和萃取过度

萃取不足以前被定义为萃取率低于目标区间，而萃取过度是指总萃取超过目标区间。更深入地了解咖啡冲泡过程后，我们重新评估了这些术语的用法以及它们的真正含义。

简单定义萃取不足和萃取过度的缺陷在于，它们并不能真正帮助我们理解为什么冲泡出来的咖啡味道不好。过去，萃取不足的解决方案是研磨得更细；相反，针对萃取过度，就研磨得更粗。乍一看，这种方法似乎很合理：咖啡研磨得越粗，总表面积越小，因此接触到的水越少，咖啡粉的味道就越少。令人沮丧的是，针对有问题的"坏咖啡"，实际操作中这种解决方法并非我们喜欢的。

研磨粗细指南

浓缩咖啡

摩卡壶/爱乐压

滴滤咖啡

法压壶

批量滴滤

当咖啡难喝时

有必要谈一谈萃取不足和萃取过度所带来的风味。萃取不足的咖啡通常口感较薄，令人不快的酸味或酸涩味占主导地位。萃取过度的咖啡则具有强烈的苦味、涩感和令人不愉快的余韵。

多年来，许多人犯的错误是把研磨后的咖啡视作均一的物质，认为其风味要么太多要么太少。但在许多情况下，咖啡糟糕是因为有些咖啡粉无法释放出足够的风味，而有些咖啡粉则释放了过多的风味。本书中会一直强调并反复出现的一点是：尽可能均匀地萃取。

追求均匀性就像爱丽丝的兔子洞，最初投资回报很大，但最终可能成为对于完美的虚幻追逐，这也解释了为什么人们会花费数千美元购买咖啡磨豆机、冲泡器具或意式浓缩咖啡机。和生活中许多事情一样，制作美味的咖啡相当容易。用一些简单的技巧就可以轻松冲泡出美味的咖啡，但如果你在追求卓越的

路上最后想要再进步两或三个百分点，那么学习难度就会陡然上升。对于许多人来说，追求最后的微小改进并不值得，但对于一些人来说，会带来巨大的快乐——尽管需要花费高昂的代价。

均匀性不仅仅关乎如何冲泡，也关乎冲泡什么咖啡。如果咖啡粉的粗细范围非常广，实现均匀性会变得非常困难。砍豆机（见第44页）产生的颗粒大小天差地别，要想把这样的咖啡粉冲泡得均匀几乎不可能——尽管有一些小技巧可以获得不错的效果。

左图显示了不同的研磨粗细适合的冲泡方法。我们将在下一章中更详细地介绍。记住，无论研磨粗或细，关键是要均匀。

如何控制萃取

改变咖啡萃取的主要方法有两种：改变咖啡研磨的方式和调整冲泡用水的量。我将首先讨论这两种方法，然后再讨论其他关键因素。

水并不是特别擅长萃取咖啡粉内部的味道，实际上水基本只是冲走了颗粒表面暴露出来的味道。将固定量的咖啡研磨得越细，就会暴露更大的表面积。在理想情况下，这是你需要处理的唯一变量，但是你研磨得越细，就越难将咖啡粉与咖啡液体分离。如果你使用滤纸，液体会难以流过如沙般细小的咖啡粉。最糟糕的情况是，水找到了一条通道，一条沟渠，穿过咖啡粉，更多的水会从这个通道流过，绕开粉床的其他部分，这个通道上的咖啡粉都将被过度萃取，而其余的咖啡粉则会因没有获得充分的冲刷而萃取不足。

这带我们来到第二个关键变量：冲泡用水总量。在咖啡冲泡中，水作为溶剂，用于提取味道，使用的溶剂越多，就会溶解越多的味道。例如，用两个法压壶冲泡相同的咖啡，咖啡粉用量相同，在其中一个法压壶中加更多的水，那么水较多的那一壶会更淡，但如果你测量萃取率，会发现它从咖啡粉中萃取了更多可溶性物质。在手冲咖啡中会更明显，如果使用更多的水进行冲泡，将萃取更多的味道；多加的水从滤器底部流出，还是具有颜色和味道，因此萃取率会更高。

如果有人的咖啡很好、水干净优质并使用磨豆机研磨（参见第44页），但结果却很糟糕，那么75%的情况可能是这两个变量之一引起的。这也是为什么秤在咖啡冲泡中是如此有用（参见第40—43页），因为秤可以让你了解和控制咖啡的关键因素。

温度

人们经常谈论温度对咖啡冲泡的影响，它确实重要，但可能被夸大了。

水越热，萃取的咖啡或味道就会越多，但不一定符合实际需要。浅烘焙的咖啡比深烘焙的咖啡更难萃取，深烘焙的咖啡也含有更多的苦味化合物。如果用非常烫的水冲泡深烘焙的咖啡，会得到一杯浓郁且相当苦的咖啡。因此，我建议在非常浅的烘焙程度下使用沸水或接近沸水水温的水，在中度烘焙下使用85~95℃的水，在深烘焙下使用80~85℃的水。此处指的是水壶中的水温，因为法压壶或手冲咖啡滤器内的萃取水温通常比水壶中的水温低很多。

适合不同烘焙程度的水温

极浅烘焙：95~100℃

浅 烘 焙：92~100℃

中度烘焙：85~95℃

中深烘焙：80~90℃

深 烘 焙：80~85℃

均匀度

均匀度与其说是一个应该尝试调整的变量，不如说是冲泡结果变化的体现。

均匀度是指让咖啡粉被差不多等量的水完全浸湿。实践中，咖啡粉与水之间的交互作用不可能完全均匀。咖啡豆研磨时一定会因为种种原因破裂粉碎，即使是最好最贵的磨豆机和刀盘也会产生一定的颗粒大小差异。但你仍然可以得到非常美味的咖啡，也不必理会脑海中提问的声音——"但如果能更均匀呢？"

当你练习冲泡技巧或尝试新想法时，记得思考一下这些变化或程序如何影响冲泡的均匀度。冲泡越均匀，尖酸、涩味、苦味会越少，我们对甜的感知受到的干扰更少，咖啡往往也就越甜。我不想鼓励人

们深入研究这一点，大多数情况下，这样的思考针对的是冲泡明显有缺陷，并且你在试图理解为什么会出现问题的情况。

使用苦味和酸味这些关键味道来思考，根据口感来调整始终比根据浓度测试仪（见第78—79页）更重要，因为冲泡咖啡是为了饮用，而不是通过参数测试。如果这杯咖啡带给你愉悦感，喝完之后意犹未尽，那么请在下次冲泡时尝试达到相同的目标，而不必对其进行无休止的迭代以追求更好——这种思维可能会带来挑战，但也会剥夺喜悦，没有人希望一大早泡咖啡就遇到这种情况。

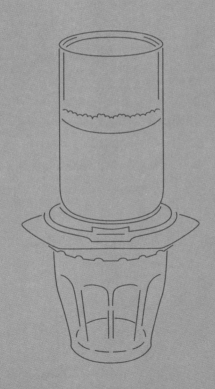

家用咖啡冲煮指南

如何用你的咖啡器具冲泡出最棒的咖啡

家用咖啡冲煮指南

法压壶

我认为压滤器（或称法式滤压壶）是被低估
的器具，令人欣慰的是它极为受欢迎。

虽然法压壶在很多人的橱柜里
闲置着积灰，但这是一种非常简便的
咖啡制作器具。这个器具的历史有点
儿令人困惑，特别是因为它通常被称
为法式滤压壶。第一个形似法压壶的
专利设计可以追溯到1852年，由两
位名叫马耶尔（Mayer）和德尔福热
（Delforge）的法国人发明。然而，这
个设计并没有取得商业上的成功。阿
蒂利奥·卡利马尼（Attilio Calimani）
在1929年的专利被普遍视为该器具的
原型——就是这一点令人困惑，因为
卡利马尼是意大利人。这个器具首先
在法国流行起来，被称为Chambord，
在英国以La Cafetière这个名字进行销
售。这两个名字今天依然是咖啡器具
品牌。

如何冲泡

建议比例： 60~70克/升

研磨度： 中等至中等偏细

购买建议： 经典的法压壶是玻璃的，大多数
可用的法压壶也都是玻璃材质的。然而，如
果预算允许，我建议选择双层不锈钢款。首
先是因为不锈钢不容易摔坏，而玻璃显然不
是。虽然更昂贵的玻璃通常强度更高，但不
锈钢壶基本可以使用一辈子。其次，对于那
些担心长时间冲泡导致温度降低的人，双层
不锈钢壶能比玻璃壶更好地保温。

确实有些人会说他们可以尝到不锈钢法
压壶的"怪味"或金属味，但在盲测中我从
未感受到任何差异。当然，可能有些人对此
有一种我没有的特殊敏感性。

如何保养： 每次使用后应用洗洁精和水
清洗。如果你开始在器具上发现棕褐色的污
渍，那么用1升开水溶解约1汤匙（10克）
的咖啡机清洁粉（我使用Cafiza，其他品牌
的也可以），浸泡几小时后彻底冲洗。

冲泡步骤

1. 冲泡前磨咖啡豆，将法压壶放在秤上，将磨好的咖啡粉倒入壶中，将秤归零。

2. 烧开水，并根据合适的冲泡温度（见第84页）倒入所需的水量，等待4分钟。

3. 取一把大勺，轻轻搅动浮在表面的咖啡渣。

4. 用两把大勺子舀掉泡沫和漂浮的咖啡渣。

根据你的喜好和急不急着喝到咖啡，再等待3~5分钟。时间越长，味道越好，能让更多的咖啡粉特别是极细粉沉淀到底。

5

6

调整方式

法压壶的乐趣在于可以用最少的技巧冲泡出美味的咖啡。需要关注的技巧更多的是如何减少咖啡液体里的浮渣，而不是担心萃取的均匀性或调整冲泡过程。像这样的浸泡式冲泡可以非常均匀地萃取咖啡粉，各种研磨度都可以冲泡出好喝的咖啡。粗研磨可以也应该浸泡更长时间，但是磨得太细就很难得到无细粉的咖啡。如果咖啡味道比较淡，而且有一种令人不愉快的酸味，那么我建议下次磨得稍微细一点。如果咖啡味道有点浓，或稍微有点苦，那么磨得稍微粗一点就会平衡很多。

有些人喜欢通过法压壶的金属滤网来增强口感，相比滤纸或滤布，金属滤网可以让更多的油脂和微小悬浮的咖啡颗粒进入咖啡。你也可以使用略多的粉量（更接近70克/升）来加强口感，但我不建议这样做，只有在你冲泡出了自己非常喜欢的味道但希望更浓郁一些时，才建议你调整咖啡粉用量。

5. 插入过滤器并轻轻按下，直到过滤网完全浸入咖啡液体。

绝对不要将过滤器完全按到底部。这样会扰动沉淀在底下的咖啡粉，导致咖啡里混入不想要的泥状物。

6. 轻轻倒出。为了尽可能避免沉淀物跑到咖啡杯中，要观察壶嘴，如果看到很多细粉开始出现就停止，不倒出最后的液体。

享用咖啡。

V60 滤器

V60 可能是跟现代精品咖啡运动最有关系的器具了。

这种锥形的咖啡滤器在家庭和咖啡馆都很常见，堪称冲泡咖啡必不可少的器具。这种由日本好璃奥（Hario）公司制造的滤器因其 60 度的壁角而得名。它简单易用且能够冲泡出色的咖啡。尽管该公司成立于 1921 年，但 V60 相对晚近才进入家庭冲泡市场，是在 2004 年推出的。

这种冲泡方式需要把握几个关键点：让所有的咖啡粉同时进入萃取阶段；以适当的方式将水倒入滤器，使咖啡粉床的搅动程度刚好；并确保冲泡后，咖啡粉床呈现出平整的状态，这样才是均匀的萃取。我使用过许多不同的咖啡器具，但 V60 对我来说是味道的基准。使用滤纸让咖啡喝起来更加干净，易于稳定地冲泡出美味的咖啡，而且它可以让我用更细的咖啡粉，我喜欢把粉磨细一些。以下是一些关键技巧，帮助你发挥 V60 的最大潜力。初次阅读时可能会觉得有些烦琐，但用过几次后会发现其实这些步骤很简单，只是强调了几个关键点。

冲泡的建议

建议比例：60 克 / 升

研磨度：中等至中等偏细

购买建议：初学者推荐选择塑料款，很便宜，但保温性能更好，冲泡效果与玻璃、金属或陶瓷滤器相当甚至更好。

选择滤纸时，要记住滤纸对冲泡时间有很大的影响。好璃奥有几个不同的供应商，有些纸流速会更快。此外，还有许多第三方制造商生产的滤纸，也都很出色。最重要的是，建议使用漂白的白色滤纸，而不是未漂白的棕色滤纸。未漂白的滤纸可能会给咖啡带来纸味，很多人都不喜欢。

V60 滤器冲泡表

这种冲泡方法在使用两段式冲泡时效果最佳，而使用的水量与你制作的杯量有关。以下是一个小表格，列出了一些常见的冲泡杯量。

重要提示：表中数字是累计重量，而不是每一段的倒入重量，实际上就是你在冲咖啡时希望在秤上看到的数字。

咖啡用量		15 克		20 克		30 克	
时间	阶段	加水量（克）	总水量（克）	加水量（克）	总水量（克）	加水量（克）	总水量（克）
0~45″	焖蒸	30~40	30~40	40~50	40~50	60~80	60~80
45″~1′15″	第一段	110~120	150	150~160	200	220~240	300
1′15″~1′45″	第二段	100	250	130	330	200	500

冲泡步骤

1. 用热水湿润滤纸。用水龙头的热水也可以，只要水温够高。这一步不仅可以清洗掉滤纸中的纸味，还可以加热滤器。咖啡的烘焙程度越浅，需要的水温越高。在冲泡前才磨咖啡，将咖啡粉倒入滤器的中心，并用手指或勺子在中央制造一个小的火山口状凹陷。

2. 水煮沸后直接使用，将少量的水轻轻地倒在咖啡粉上，把咖啡粉全部打湿，粉会开始膨胀并释放二氧化碳，这个阶段被称为"焖蒸"。一般来说，每克咖啡粉使用2克水，但如果需要湿润更多的咖啡粉，可以多用一些水。

3. 加完水马上拿起滤器并以绕圈的方式摇晃。尽量将咖啡粉完全与水混合。如果看到结块或大气泡形成，可以多摇晃一下。

咖啡静置至45秒。在这段时间里，它会像醒发面团一样膨胀，如果有水滴到分享壶中，也没有关系。

4. 现在倒入第一段的水。目标是在约30秒内倒完，并在这段时间内倒入总水量的60%。此时滤器内的水应该相当满，除非你使用两人份滤器但只冲一杯。加水时要轻柔地绕圈，以确保水均匀分布。

调整方式

　　一旦掌握了扎实的手冲技巧，就把关注点放到研磨上。很多人难以想象要用V60冲泡出一杯好咖啡需要把咖啡粉磨得多细。我建议先每次都将磨度调细一点，直到你突然发现冲泡出来的咖啡有点苦涩并带有不愉快的余味。这个变化会发生得很突然，表明磨得太细了。将研磨度再调粗一点，就是最合适的。

　　最好记录冲泡时间，以了解是否突然发生了变化。当你换咖啡时可能会发生这种情况，记录时间也能提示你下一次冲泡时要往哪个方向调整（调粗或调细）以获得更好的口感。由于不同的滤纸会影响冲泡时间，我只能给出一个大致的时间范围，大约是3分钟到4分半。不要过于担心时间。咖啡粉的粗细和手冲技巧是决定萃取效果的主要因素，由于滤纸减缓水的流速而产生的冲泡时间的变化对咖啡口感的影响不会太大。

5. 下一个阶段也是缓慢地加水，目标是再花30秒将剩余的水倒入。这里也可以采用绕圈的方式轻柔地加水。

倒完水后，拿起勺子（茶勺、汤勺或甜品勺子都可以），按一个方向绕圈搅拌，然后再反方向轻轻绕圈搅拌。这有助于防止咖啡粉沾在滤器壁上。

6. 当滤器排空到约2/3时，将它拿起并轻轻旋转，以防止咖啡沾附在滤器壁上，并且最终使咖啡粉床变得平整，这将有助于咖啡的均匀萃取。等待咖啡完全滴干，丢弃滤纸和咖啡渣，享用你制作的美味咖啡。

家用咖啡冲煮指南

美乐家滤器

美乐家（Melitta）咖啡滤器的名字来源于梅利塔·本茨（Melitta Bentz），她是使用滤纸手冲咖啡的先驱。

冲泡方法

建议比例: 60克/升

研磨度: 中等至中等偏细

购买建议: 有趣的是，这种滤器形状在自动滴滤机中可能比在手冲滤器中更常见。美乐家和其他几家公司制造这种形状的滤器，有塑料和陶瓷材质可选。塑料的滤器通常感觉非常薄而易碎，因此虽然在保温性能方面表现良好，但并不是一件买了会带来愉悦感的器物。陶瓷款通常非常漂亮，我也非常推荐。我经常建议在这些滤器中使用Filtropa滤纸，美乐家的滤纸也很不错。

本茨最初的发明是一种用纸过滤的圆形滤器，于1908年获得专利。1936年，美乐家发布了锥形滤器和配套滤纸，这种设计至今基本没有改变。美乐家公司陆续有各种创新，包括1992年的氧漂白工艺——用于生产白色滤纸，现在被许多制造商普遍采用。

技巧变化

老实说，与V60所需技术（见第94—95页）差不多，不需要太多变化。美乐家滤器底部可以让液体通过的开放区域较小，因此在相同的研磨程度和注水时间下，总的冲泡时间将比V60略长——滤纸在其中也起到了一定的作用。注意，请让口感来指引你微调研磨度。

Kalita 滤器

Kalita 是平底滴滤器的代表。

Kalita 至今仍是最常用的平底滤器，Kalita 的蛋糕滤纸也是许多人在选购滤纸时的默认选项。现在不止 Kalita 一家公司生产平底滤器，这种样式在过去十年中特别受欢迎。许多人认为平底滤器——经常用在高端商用滴滤机中——在均匀萃取方面做得更好。在技术和易用性方面，每种滤器都有其优缺点，因此我不愿宣称一种滤器比其他滤器更优越。

冲泡方法

建议比例： 60克/升

研磨度： 中等至中等偏细

购买建议： 金属款Kalita很受欢迎，价格通常也相当实惠。现在也有很多类似的滤器，尺寸或设计略有不同，如Espro、Fellow和April等公司的产品。它们都是出色的滤器，但需要注意的是，其滤纸可能不通用，因此可能既不便宜也不好买到。

技巧变化

焖蒸时摇晃滤器和加完水后的第二次旋转摇晃这两个V60的技术（请参见第94—95页）在Kalita上不太适用。这是因为波纹形状的滤纸阻碍了液体的运动。平底滤器搭配好用的手冲壶会比其他滤器收效更大。闷蒸阶段和冲泡阶段的注水方式很重要，因为你需要将水均匀地分布在滤器当中。在冲泡过程中，需要缓慢、稳定地绕圈将水倒入咖啡粉床。注意加水位置，确保不会忽略咖啡粉床的每一部分。

家用咖啡冲煮指南

Chemex 滤器

Chemex 是由彼得·施伦博姆博士（Dr. Peter Schlumbohm）于 1941 年发明的，他是一名德国化学家和连续创业者，受美国专利法吸引而移民到美国。

施伦博姆博士申请了超过 300 种想法和设备的专利，而 Chemex 无疑是其中最成功和持久的。一体成型的玻璃瓶是它标志性的设计，原版有一个系带固定的木制领子。虽然有一些古怪之处，但它是一款迷人的滤泡壶。Chemex 公司生产的非常厚的滤纸也给咖啡的味道带来很特别的个性。

如何冲泡

建议比例: 60 克/升

研磨度: 中等

购买建议: 传统款式的 Chemex 有两种设计，一种带木领子，一种带玻璃手柄，令人难以抉择: 木质外观更漂亮，但清洗时需要取下来很烦人；玻璃款则更容易清洗，但手柄易碎，使用寿命较短。不建议购买小号，它不容易冲出好喝的咖啡，比例也不太美观。

技巧变化

这里要介绍的不是源自 V60 的技巧变化（见第 94—95 页），而是要注意的一些陷阱。首先，Chemex 的滤纸比其他滤纸要厚得多，这意味着冲泡时间会变长，因此我会将研磨度略微调粗。其次，纸可能会黏在玻璃上或陷进倒出咖啡的漏斗中。如果这种情况发生，空气无法从滤器底部散逸，会在滤器中产生背压，导致水无法滴下去。为了确保漏斗不被堵塞，你也可以放入一根筷子或类似物品（如图所示）。

聪明杯

聪明杯1997年在中国台湾获得了专利，但至少十年后才真正获得了更广泛的成功。

聪明杯的原理非常简单。它是一个大号的美乐家形状的锥形滤器，但在底部有一个塞子。当滤器放在台面或秤上时，塞子闭合。当你将聪明杯放在杯子上时，有一个机制会将塞子推起，释放聪明杯中的咖啡。这种机制混合了浸泡和过滤式的冲泡技术。当塞子关闭时，咖啡粉和水均匀地浸泡。有了这个技术，你可以轻松得到一杯过滤均匀的好咖啡，无须使用手冲壶，并且不需要花费太多时间在冲泡上。这是一种令人放松而满意的冲泡方式。

冲泡方法

建议比例： 60克/升

研磨度： 中等偏细

购买建议： 市场上还有其他的浸泡过滤式冲泡器。好璃奥V60 Switch是一个有趣的选择，但容量较小。还有一些使用相同原理的茶壶，但我不建议购买。聪明杯提供了几种型号，我建议选择经典款式。它价格低廉、可靠、坚固耐用且使用方便。

这种冲泡方法的重点在于均匀地萃取并在最后阶段让液体从滤器中迅速流出（通常称为"排水阶段"）。使用其他技术也能得到美味的咖啡，但最后的排水阶段可能会很慢，额外增加5分钟不必要的冲泡时间。

冲泡步骤

1. 用热水润湿滤纸，确保聪明杯完全排空。

将聪明杯放在秤上并将重量归零，但现在不要加入咖啡粉。

2. 将水煮沸并加入所需的水量。注意：聪明杯最多可以容纳500克的热水，但为了避免溢出，不建议用水量超过450克。在本例中，我们将使用300克。

3. 尽快加入所需量的咖啡粉。在本例中，加入18克。

4. 轻轻将咖啡粉搅拌到水中，直到完全润湿，没有结块。

等待2分钟，如果咖啡粉较粗或无法控制咖啡粉粗细，可以将浸泡时间延长。

调整方式

　　主要的调整焦点是粗细设定，以改善咖啡的味道。还可以尝试调整冲泡温度以适应所使用的烘焙程度（请参见第84页）。如果在冲泡结束时没有得到平坦的咖啡粉床，则问题可能在于搅拌的方式。动作不要过于激烈或尝试搅出漩涡。此外，要确保滤器一直放在完全平坦的表面上，直到转移到杯子上。

5. 轻轻搅拌咖啡，等待约30秒。

6. 将聪明杯放在杯子或分享壶上。等咖啡完全排干，此时，粉床应该是平坦的。

丢弃滤纸和咖啡渣，享用咖啡。

爱乐压

爱乐压是一种迷人的咖啡冲泡器，在其发明后不久就获得了认可和显著的地位。

它是艾伦·阿德勒（Alan Adler）于2005年发明的，他之前发明的Aerobie飞盘也取得了相当的成功。艾伦的专业背景是空气动力学，所以他发明咖啡器具的决定令人大吃一惊。当时大多数家用滴滤机都是为了冲一大壶咖啡而设计的，很难冲泡出好喝的单杯咖啡，他对此感到沮丧，因此决定发明这款产品。最初他的发明在咖啡行业中很难找到明确的定位，但是随着冲泡单杯咖啡的浪潮于2008年左右在咖啡店中兴起，爱乐压的销售开始腾飞，迄今已在全球销售了数百万套。

爱乐压让人着迷之处在于，我总是看到许多初次使用爱乐压的人满意度非常高。对许多人来说，这是第一次使用单人份冲泡器具，过程既有趣又有成就感，而且冲出来的咖啡味道明显更好。很多人继续进一步实验，尝试爱乐压的不同冲泡方式，也尝试不同的冲泡器具和方法。

该设计还有一个独特的地方，便于进行咖啡冲泡的各种变量实验。它能够一次只调整一个变量——研磨、冲泡时间或水温——而不太改变其他方面，以便我们可以更深入地了解咖啡冲泡，同时也鼓励我们实验。因此，网上有关爱乐压的冲泡配方比其他器具都多。

在为爱乐压设计配方时，我想实现的目标是将其简化为影响咖啡味道的基本要素，并易于重复。你可以将其视为可靠的日常配方，但不要害怕偏离常规或尝试不同的方法或技术。

如何冲泡

建议比例： 55~60克/升

研磨度： 中等偏细

购买建议： 现在有越来越多的仿冒产品在网上出售，但只有一家公司生产原版的爱乐压。我建议购买正版有几个原因：首先，这是一款便宜的冲泡器具，买了不会吃亏；其次，如果仿品对工艺和材料的品质管控不佳，那么节省10%~20%是没有意义的。爱乐压早已不含双酚A（BPA），你可以相信公司的承诺。此外，支持发明者也是非常重要的，即使需要支付少量溢价。

冲泡步骤

1. 将过滤纸放入盖子中。不要润湿它，因为纸张非常小，所以对味道没有太大影响。

将放了纸的盖子锁在爱乐压上，放在杯子或分享壶上方。

将所有东西放在电子秤上。

加入咖啡粉。在本例中，我们将使用11克的咖啡粉。

将秤清零。

2. 将水倒在咖啡粉上，确保咖啡粉完全润湿。在本例中，我们将使用200克的水。

3. 将活塞部件塞入爱乐压中，但不要按下。活塞放在顶部会形成部分真空，液体也就不会从爱乐压底部流出。

等待2分钟。

4. 将整个爱乐压轻轻抬起，然后轻轻旋转晃动。这有助于打破爱乐压中形成的咖啡粉渣层，使大部分咖啡粉沉到底部。不要激烈地旋转或试图形成漩涡，只打破粉渣层就行。

将爱乐压和杯子或分享壶移离电子秤。

5

6

5. 再摇晃30秒，然后开始按压。轻轻按压：不需要使用身体重量去压，只需舒适地用手臂按压即可。

按压时长大约需要30秒（如果有些出入，不要担心，不过慢一些更好）。

6. 按压直到活塞压实在咖啡粉渣上。

在移除活塞之前，将活塞稍微向上拉一拉，这有助于减少从爱乐压中滴下的液体。

清空咖啡粉饼（指用过的咖啡粉，因为它们经常会粘在一起形成一个圆形饼干状的固体），清洁爱乐压，享用你的咖啡。

关于旁路（bypass）冲泡技术的注意事项（冲泡两人份）

对爱乐压最常见的批评之一是，它一次只能制作一人份的咖啡。但其实它可以冲泡两人份的咖啡，方法是增加咖啡粉用量并在饮用前用水稀释高浓度的咖啡。

我推荐的冲泡技术与左侧图示总体相同，但有一些额外需要关注的地方。1. 在冲泡器中使用尽可能多的水，以确保萃取率。根据我的经验，可以使用22克咖啡粉和最多240克的水。2. 建议浸泡4分钟，较长的浸泡时间有助于抵消水太少带来的萃取不足。3. 之后再加入160克热水。4. 这也是制作冰咖啡的好方法——冲泡到160克的冰块上，这样大部分冰块会被融化，饮用前可再加一些冰块。

调整方式

爱乐压有无数的变量可以调整，因此调节起来很容易感到不知所措。但是它其实相对容易冲泡出好喝的咖啡。关键还是研磨粗细，你可能会惊讶于磨到这么细的咖啡粉仍然有非常美味的结果。我不建议研磨至浓缩咖啡的细度，稍粗一点就行。一些磨豆机将此粗细程度标记为适合摩卡壶冲泡（我推荐的另一种方法，请参阅第114—117页）。

冲泡时注意不要用力按压。在测试中，用力过猛很难有好的结果。

冲泡温度历来被视为重点关注的领域，尤其是艾伦·阿德勒提倡以80℃的水温冲泡。在如此低的温度下确实冲泡很多种咖啡效果都很好，但我仍然主张根据咖啡烘焙程度决定冲泡温度，较浅的烘焙甚至可以使用滚水（参见第84页）。

虹吸壶

使用虹吸式咖啡壶冲泡咖啡是一种相当古老的冲泡技术。

虽然更多地与日本的好璃奥和中国台湾的 Yama 等亚洲制造商相关联，但虹吸式咖啡壶起源于欧洲。最早的虹吸壶出现在 19 世纪 30 年代的德国，当时被称为真空壶（vacuum pots），而第一款在商业上取得成功的是法国女子让娜·理查德（Jeanne Richard）1838 年的设计，参考了柏林的洛夫（Loeff）的早期设计。

虹吸壶背后的原理相对简单，但使用过程非常令人愉悦。当水在底壶沸腾后被困住，迫使水上升到上壶中。只要持续加热底壶，水就会留在上壶并保持相当稳定的温度。你可以将研磨好的咖啡粉加入水中浸泡，结束冲泡时，把底壶的热源移除，随着底壶冷却，蒸汽凝结会产生轻微的真空效应，从而将咖啡液体从上部"拉"回来，并被某种滤网（通常是绑在金属盘上的滤布）过滤。

这是一种迷人而戏剧化但具有挑战性的咖啡壶。它很容易制作出非常糟糕的咖啡，且如果没有固定的流程和步骤，日常使用可能会令人沮丧。在 2009 年至 2012 年，当代的咖啡店流行单杯冲泡时，虹吸壶一度复兴，现在在咖啡店中很少见到它了，但如果遇到了还有虹吸壶的咖啡馆，也可以去点上一杯。

如何冲泡

建议粉水比：55~65 克/升

研磨度：中等偏细

购买建议：说实话，虹吸式咖啡壶价格非常昂贵。如果没有特定需要，我可能不会推荐购买大尺寸的虹吸壶。在购买之前请仔细考虑你真正的使用频率。毫无疑问，虹吸式咖啡壶是最戏剧化的咖啡壶之一，但重复观看会让戏剧性的快感逐渐减弱。这是一款棘手的咖啡器具，清洁起来非常耗时且烦琐（即使使用滤纸）。顺便说一下，除非你已经熟悉在咖啡冲泡时使用和保养滤布，否则建议购买一个滤纸适配器。虽然在上壶中对准有点麻烦，但确实可以让整个过程少一些痛苦。

冲泡步骤

1. 在即将冲泡时研磨好适量的咖啡粉，但不要放入咖啡壶中。

在水壶中烧开新鲜的软水，然后将适量的水加入虹吸下壶。

2. 确保上壶中用的是干净的滤纸，并将上壶斜插在下壶上，但不要密封下壶。

使用选定的热源，例如小型丁烷燃烧器或专用的卤素灯加热器，开始加热下壶。

3. 当水开始沸腾，将上壶插入下壶。

当水移动到上壶时，将热源的火降至最低。一开始冒泡会相当剧烈，然后会减弱。等到这个时候，从正上方看看过滤器，如果一侧的气泡比另一侧多得多，可以使用竹制搅拌器或长勺轻轻地将过滤器推到中间。

4. 加入咖啡粉，搅拌以充分湿润，然后开始计时。30秒后，再次轻轻地搅拌。

调整方式

使用虹吸壶冲泡咖啡是相对困难的方式，需要注意几个方面才能冲泡出一杯美味的咖啡。这种冲泡方式的不同之处在于，在浸泡阶段温度极高且相对稳定，接下来是一个负压力的过程，最后完成过滤。

首先，尽管虹吸壶主要是浸泡式，也就是说可以根据研磨粗细决定浸泡时间，但我发现在高温下的浸泡时间过长会导致咖啡口感变得苦涩。因此，我倾向于推荐较短的浸泡时间。

其次，在最后的咖啡液体下移阶段，很容易出现一些小问题。我们不希望在最后看到一个大圆顶，因为这表明萃取不均匀；也不希望最后阶段拖得太长。最后的搅拌要轻柔，研磨度粗细可能也需要微调，以改进咖啡口感。尽量让咖啡快速降温后再品尝，不要在咖啡太烫的时候喝，因为在中低温时，苦涩和刺激感会减少。

最后，如果你使用滤布，则要勤洗勤晾。Cafiza等品牌的有机咖啡机清洁粉很好用，但使用后一定要彻底冲洗干净。

5. 在1分钟时关闭热源，然后轻轻地搅拌咖啡。我建议顺时针搅拌一次，然后逆时针搅拌一次，或者按你的喜好反过来。

6. 一旦咖啡完全降到下壶，就取下上壶并倒出所有的咖啡。请注意，这杯咖啡会非常非常烫。

摩卡壶

摩卡壶是由阿方索·比乐蒂（Alfonso Bialetti）的公司于1933年发明的，很快成为一件标志性的设计，并成为意大利以及世界各地许多家庭的必备物品。

摩卡壶的发明是为了将意大利当时蓬勃发展的蒸汽驱动浓缩咖啡的新时代（使用高压的现代风格的浓缩咖啡直到1948年后才出现）与拿波利塔纳（Napoletana）的三件式设计方法相结合。拿波利塔纳是一种滴滤式咖啡壶，其中心部分容纳咖啡粉，上壶中的水通过重力滤过咖啡粉，进入下方的收集容器。比乐蒂公司专门从事铝制品生产，他们将拿波利塔纳的设计颠倒过来，利用蒸汽从底部将水推过粉床，流入顶部的收集室，然后倒入杯子中。

摩卡壶冲泡出来的咖啡可能非常接近早期的浓缩咖啡，比现代滴滤咖啡更浓，但不像今天的浓缩咖啡那样强烈。如果使用得当，摩卡壶可以制作出美味、干净、甜美、萃取完整的咖啡。

请定期清洗摩卡壶（请参见第117页），不要相信一层污垢可以增添风味或带来任何正向影响——只会增加苦味和刺激性，让你或客人需要加些糖来掩盖。

如何冲泡

建议比例： 100克/升

研磨度： 中等偏细

购买建议： 比乐蒂摩卡壶是标准选择，其制造质量往往明显优于其他品牌，不仅外观更悦目，而且密封性更好。摩卡壶是一种加压容器，因此需要确保垫圈可以密封以维持压力，且压力释放阀可以安全地排压，以防出现问题。

人们仍然对这种器具中铝的安全性存有疑虑，尽管没有什么根据。没有证据显示使用铝制器具与阿尔茨海默病之间有任何相关性。我更喜欢比乐蒂适用于电磁炉的型号，我觉得质量更好，更重，而且我喜欢它能够在不同炉灶上使用的灵活性。虽然更贵，但如果保养得当，应该能使用一辈子。

关于大小的说明：切记加水不要超过摩卡下壶的安全阀，这是因为万一阀门打开了，会喷出高压热水而不是蒸汽。冲泡时的水位也与粉碗容量相关。通常，将水加到最高水位，咖啡粉在不压实的情况下填满粉碗，可以得到大约100克/升的比例。这个比例似乎适用于所有摩卡壶。

冲泡步骤

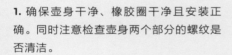

1. 确保壶身干净、橡胶圈干净且安装正确。同时注意检查壶身两个部分的螺纹是否清洁。

将咖啡粉加入粉碗，我不建议填压咖啡粉，但要确保咖啡粉均匀地分布在粉碗里。

将水烧开，然后倒入下壶，水温要略低于沸点。

2. 小心地将咖啡粉碗放入下壶。

3. 用毛巾握住下壶，拧紧上壶。确保橡胶垫压紧并密封好。

4. 将摩卡壶放在热源上，火力不要太大，使用中低火。

保持壶盖敞开。

咖啡很快就会缓缓地流出。此时，用尽可能小的火力保持咖啡顺畅流出。如果使用燃气灶，则需要把火调到最小；如果使用电磁炉，通常只要关闭电源并将壶移到边缘位置即可。

如果可能的话，请听一听声音，当你听到嘶嘶声和气泡声时，即可从热源上取下摩卡壶。或者观察咖啡的流动，一旦看到咖啡开始喷射出来并且有更多的蒸汽溢出摩卡壶，就可以将其从热源上取下。

5

5. 用冷水冲咖啡壶的底部，这样可以快速终止冲泡过程，防止冲泡温度过高使咖啡变得过于苦涩。

立即享用咖啡。我建议不要将咖啡留在摩卡壶里，这会导致咖啡风味快速流失。

享用之后，尽快清洁咖啡壶。

清洁注意事项

很多人会谈到摩卡壶内部形成的咖啡垢对于咖啡味道有正面影响。实际上，这层垢是干燥的咖啡液体，我建议清洗干净，最好是防止它形成。干净的壶制作出的咖啡苦味更少，尽管我理解人们对于苦味的喜好不同。

如果咖啡垢已经形成，或者你找到一个旧的摩卡壶想重新使用，我建议将其浸泡在咖啡机清洁粉溶液中（每升热水加入 10 克）。可能还需要轻轻擦洗或再次浸泡，具体取决于摩卡壶的状态，最终垢层可以完全清除，让你拥有一个干净而令人愉快的摩卡壶。

调整方式

摩卡壶最棘手的部分在于微调研磨度和加热方式。我喜欢电磁炉的原因之一是可以得到准确而可复现的功率设置，在家用燃气炉上想要精确调节火力会很难，可能需要几次试错。火力过低，咖啡粉会在摩卡壶中变得非常热，导致一些苦味；火力过高，可能会在冲泡中产生过多的压力，导致不均匀的萃取和刺激性的味道。

其次，这里使用的研磨粗细是为了制作出浓郁但没有太多苦味的咖啡。你可以研磨得更细，并尝试使用更少的水来制作接近浓缩咖啡味道的咖啡，但在更细的研磨设置下，冲泡出好咖啡的机会会变小，过程会变得更加烦琐和令人沮丧。

最后，我应该评论一下越来越多人在摩卡壶内使用滤纸的趋势。你可以将滤纸放在摩卡壶的两个位置：咖啡粉下面或咖啡粉上面，或者上下都放。这对冲泡有不同的影响。在咖啡粉下面放滤纸可以帮助水均匀经过咖啡粉饼，从而稍微改善冲泡效果，减少不均匀的萃取；大多数人用爱乐压滤纸进行此操作。在咖啡粉上方放滤纸可起到额外过滤的作用，会从咖啡液中去除一些油脂和咖啡细粉，泡沫也会比较少，二次过滤也会减少一些苦味。

快速检查调整咖啡冲泡的方法之一是用秤。最多可以得到下壶水量 65%～70% 的咖啡。如果分量不够，而且想要更多的水来帮助提取浅烘焙咖啡的味道，那么你需要在液体流出时进一步降低加热温度。如果火力已经在最低挡了，那么可能需要将壶时不时地取下来。观察流速，在流速减慢时短暂加热一下，如果流速加快则稍微冷却一下。

美式滴滤机

美式滴滤机（Automatic Coffee Maker）有几个不同的名称：家用咖啡冲泡器、批量冲泡器或滴滤机。

这种咖啡滴滤机已经存在很长时间了，过去主要追求便宜和便利，并不在意质量和性能。第一台公认的美式滴滤机可能是1954年由戈特洛布·维德曼（Gottlob Widmann）设计的Wigomat。20世纪70年代美国Mr. Coffee品牌的兴起，

如何冲泡

建议比例：60克/升

研磨度：中等至中等偏粗

购买建议：如果条件允许，我建议多花一些钱，购买拥有精品咖啡协会认证的咖啡滴滤机。这种咖啡机可以泡出不错的咖啡，具体要买哪一台就取决于款式、价格和功能了。我喜欢可以在早上定时自动冲泡的咖啡机，这样我醒来就可以享用刚刚煮好的咖啡了。（如果是现磨的咖啡会更好，但在夜间放10个小时不会有太大影响，而且我通常对一天中的第一杯咖啡更宽容。）

我更喜欢下壶可以保温的滴滤机，因为放在加热板上的咖啡会很快变味。但保温壶也有缺点——咖啡会凉得比较快，且清洁起来有些麻烦。保温壶的瓶口设计通常不如玻璃壶，会倒不干净，残留一些咖啡——这非常令人恼火。

保养：我建议购买一些浓缩咖啡机清洁剂，以清除保温瓶内部的各种污渍。我一直使用Urnex的Cafiza，但其他品牌也很有效。美式滴滤机的主要问题是长期积累的水垢。任何水都存在一定的硬度，这是不可避免的，但并不难处理，如果你开始注意到机器表现异常——水温过热或过冷，或者流速减慢——那么就该除垢了。在许多超市或网店可以买到柠檬酸，它是一种简单安全的除垢剂。兑出浓度约为5%的柠檬酸溶液，不放入咖啡粉，让溶液从机器里经过。把液体倒掉，再加入1升的水冲洗。如果你想确认内部是否清理干净了，可以冲泡少量水品尝一下。如果有酸味，那么需要再冲洗一下。柠檬酸完全符合食品安全标准，所以不用担心不小心摄入。

让滴滤机真正取代了电咖啡渗滤壶。

滴滤机的工作方式类似，都是在加热板下方有一个加热元件，水受热膨胀，并被蒸汽从喷口推出，然后洒在咖啡粉上。

大多数便宜的滴滤机在温度方面表现不佳。最初的水比你想要的要凉，随着冲泡的进行，温度会越来越高，最终通常接近沸点。滴滤机通常更昂贵，虽然也有例外。当然如果你喜欢一次性冲泡一大壶咖啡（我认为有500毫升以上的咖啡需求量才需要购买此类机器），那么滴滤机就棒极了。

冲泡步骤

家用滴滤咖啡机并不需要步骤指南。只需放入适量的咖啡粉和软水，按下启动按钮，就可以开始冲泡了。这种自动化和简单是其吸引力的一部分。因此这里我将提供一些针对较廉价或功能不太齐全的咖啡机的技巧和解决方案。

温度：大多数价格较便宜的机器冲泡时温度较低。如果你冲泡的是浅烘焙咖啡，那么我建议往机器里加热水冲泡，这样做不会有什么问题，冲泡温度会更高，咖啡的口感也会更好。但请用水壶烧水，不要直接用热水龙头。

焖蒸：虽然一些更昂贵的咖啡机会有焖蒸的阶段，但大多数机器是没有的。焖蒸有助于风味的释放，有几种方法可以尝试，比如在咖啡机开始冲泡后暂停一下，我会暂停大约20～30秒，并摇晃或者搅拌咖啡粉。价格较便宜的咖啡机通常在滤器下面有止水机制，以防咖啡液体滴落在加热板上。这意味着如果不放咖啡壶，水将停留在滤器里，就可以拥有浸泡式焖蒸的效果了，这样做效果也不错。

搅拌：针对大多数咖啡机，在开始和/或结束时搅一搅，都会有助于味道的提升，然而，这类机器的关键卖点是便利性，因此必须在咖啡品质和用户体验之间取得平衡。

调整方式

调整冲泡方式可能会令人感到沮丧，因为需要涉及较大的咖啡用量。我建议从中等粗细的研磨度开始，浅烘焙咖啡豆需要更细，深烘焙咖啡豆需要更粗。别忘了在品尝前搅拌壶内的咖啡（有些咖啡壶内置了混合漏斗），并等待咖啡稍稍变凉。如果你在非常烫的时候品尝，苦味通常会比较多，可能会误导你将研磨度调粗。

5

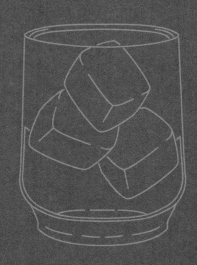

冰咖啡和冷萃咖啡

冰咖啡可以是炎热天气中消暑提神的美妙抚慰剂，也可以是一种莫名其妙、没有吸引力、很难想象会有人花钱购买的饮品——取决于你在世界上哪个区域长大。

冰咖啡有两种做法，各自都有狂热的粉丝，并且经常相互竞争。我将分别介绍这两种做法，并讨论其最佳制作方式，但我得坦白说，你可能很容易就会发现我支持哪个阵营……

冰咖啡

两种做法之间的决定性区别在于，咖啡粉用热水还是冷水萃取。首先，我将谈谈用热水冲泡的方法，以及热水如何影响你的冲泡过程。

手冲冰咖啡

这种方法常被称为日式冰咖啡。我不确定是否真的有足够的证据或先例表明其源自日本，毕竟日本也拥有数量惊人的罐装咖啡。你也会看到这类咖啡的标签上写着"闪萃冰咖啡"，这种名称有点奇怪，因为它所需的制作时间与常规的手冲咖啡一样长，但与冷萃咖啡相比，肯定要短得多。

用冰块冷却咖啡时，需要以某种方式来弥补咖啡被稀释的部分。一杯现煮的滴滤咖啡需要相当分量的冰块才能充分冷却。因此显而易见的调整方式就是用更少的水冲泡更浓的咖啡液体，但正如第82页所探讨的，这样做会更难达成合适的萃取。

针对手冲冰咖啡，我做了相当多的测试，我认为冰块需要占据大约1/3的总冲泡水量。因此，如果冲泡30克咖啡粉，并且通常使用500克水，那么你需要165～170克的冰块，然后仅用330～335克的水来冲泡咖啡。研磨度也需要调整，把咖啡研磨得细一点，然后放慢注水速度，通过拉长咖啡粉与水的接触时间来增加萃取率。

作为另一种选择，爱乐压是一款出色的单人份冰咖啡冲泡器具，可以轻松地让咖啡得到更长时间的浸泡，然后下压到冰块上。我在背页附上了小分量手冲冰咖啡和单杯量爱乐压的冲泡参数。

手冲冰咖啡

手冲冰咖啡的基本参数与第94—95页所探讨的
V60冲泡相同。不过，你得进行一些简单的调整。

在开始冲泡前，在杯子或分享壶里放
上40%冲泡水量的冰块。这意味着对30克
咖啡粉而言，使用V60冲泡500克水的话，
需要300克水和200克冰块。

由于使用更少的水，咖啡豆要研磨得
更细一点。我建议稍微提高一点比例——
以65~70克/升水的比例冲泡效果很
棒——以便在加冰块时有额外的稀释空间。
除此之外，就可以按照V60的冲泡参数进
行操作，不过显然会更早地注完热水。最
后搅拌并旋转滤器，让咖啡均匀萃取。

完成冲泡时，大部分冰块应该已经融
化了。如果你发现剩下很多冰块，下次可
减少冰块的分量并增加水量来保持总用水
量不变。

爱乐压冰咖啡

基本冲泡参数与第108—109页的爱乐压冲泡方法
相同，只需进行几处调整。

与上一节给出的V60冰咖啡冲泡参数类似，这里也需要在杯子或分享壶里放上大约40%冲泡水量的冰块。

使用爱乐压，可以冲泡一小杯咖啡，也可以冲泡两人份的咖啡——少数情况下爱乐压还是能够为不止一个人冲泡咖啡的。

冲泡一杯的量，需要12克咖啡粉，120克热水，再加80克冰块。两杯的话，就是24克咖啡粉、240克热水和160克冰块。爱乐压的容量极限大约是240克水。

使用爱乐压冲泡冰咖啡时，增加浸泡时间很有帮助，所以我建议在第108—109页提到的参数基础上，增加2分钟的浸泡时间。

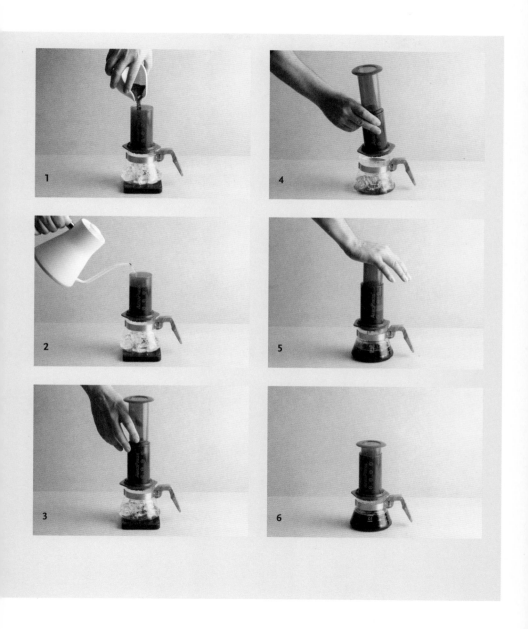

意式冰咖啡

另一类用热水冲泡冰咖啡的方式是意式咖啡饮品，
例如冰美式或冰拿铁。

在过去，冰的浓缩咖啡并不受欢迎，因为冷却浓缩咖啡并稍微加以稀释的过程确实加剧了咖啡的苦味。你会经常听到咖啡师或咖啡馆拒绝提供冰咖啡，因为冰块"冲击"了意式浓缩。在我看来，这种说法稍有问题。无论制作得快还是慢，冰意式浓缩都具有更浓烈的苦味。与美式咖啡相同，稀释意式浓缩也会增加咖啡的苦味。

由于意式冰咖啡的苦味增加，大多数类型的冰咖啡都会加一点甜味来弥补苦味。这绝不是必要之举，但也让人很容易理解为什么许多冰拿铁的甜度更高。

在冲泡技巧方面，制作意式冰咖啡饮品时几乎不需要调整或改变——除了记得用大一点的杯子来盛放额外的冰块和稀释、冰镇后的饮品。

如需更多意式咖啡的冲泡配方，请参阅第194—203页。

冷萃咖啡

人们对用冷水或常温水冲泡咖啡的看法极其两极分化。对于一些人来说，这是他们唯一能喝的咖啡，而对于另一些人来说，这样的咖啡无法下咽且不新鲜。在深入探讨争议从何而来之前，让我们先了解一下冲泡理论，是什么让冷萃咖啡与众不同？

如第84页所述，冲泡水温越高，从咖啡粉中萃取可溶性风味的效率越高，效果也就越好。在较低的水温下，一些酸和某些化合物不会被萃取出来，因此会冲泡出一种人们喜爱的低酸度咖啡——通常认为低酸咖啡可以缓解消化问题，例如胃酸倒流。较低的冲泡温度对咖啡的风味也有很大影响，许多人喜欢冷萃咖啡带来的巧克力般柔润的风味。

冷萃咖啡的制作存在一些挑战。首先，由于水的温度较低且萃取风味的效率较低，制作冷萃需要更长时间的浸泡才能萃取得当。将咖啡研磨得更细来快速弥补低水温造成的问题似乎是显而易见的解决方案，但你却不能这么做，个中缘由有点复杂。从冷水中过滤细研磨的咖啡非常困难，因此需要使用略粗于手冲的研磨度，这也说明了有效解决冷萃咖啡的方法通常是长时间的浸泡。这确实很有效，但不幸

的是，咖啡液也有了足够的时间与环境中的氧气相互作用，让许多冷萃咖啡具有氧化的味道，许多人对此深感不悦。然而，对其他人来说，这只是"冷萃风味"，不仅令人愉悦而且称心合意。我不能把自己的主观喜好当成客观事实，所以我绝不会说冷萃咖啡品质不佳。

另一个挑战在于，粗研磨的咖啡粉，即使萃取时间拉长，萃取效率依旧偏低，为了弥补这一点，我们通常会使用高粉水比。这种比例的提高会产生浓度更高的咖啡，但往往很难萃取得当。而由于是用冷水冲泡，所以萃取不足的味道与热水真的很不一样。通常，萃取不足的咖啡会带有尖酸味道，而这种尖酸味道需要热水才能萃取出来。因此，如果冷泡咖啡萃取不足，通常只有在过于淡薄时才会明显地难喝。使用更高的粉水比有两个主要的缺点，尽管其中之一有些

争议。首先，每杯咖啡的成本明显更高，部分原因是咖啡渣中还残留了一些好的风味，这是一种浪费行为。另一个潜在的问题是，咖啡因极易溶于水，因此冷萃咖啡通常似乎含有更高浓度的咖啡因。对一些人来说这是个好消息，对其他人来说真的、真的就不是。当然，没有充分的理由表明冷萃咖啡不能制作成美味可口的无咖啡因或半咖啡因饮品。

有许多咖啡器具和小配件进入了咖啡市场，主打更快地制作一杯冷萃咖啡。这些器具配件可能会以搅拌、压力或其他方式来提高萃取率，减少咖啡粉用量，缩短冲泡时间，还可以避免咖啡中一些氧化的味道（如果你不喜欢的话）。这里没有足够的篇幅来深入评价每个器具，所以这不是我要在本书中介绍的内容。我迄今的经验让我对此持怀疑但乐观的态度——以这种方式快速、高效地制作冷萃咖啡应该是有可能的。但是，你永远不会喝到类似于热咖啡或手冲冰咖啡的味道，温度是没法被欺骗的。

我纠结了许久是否要在这里加入冷萃的冲泡配方。我之所以选择不这样做，是因为到目前为止，我还没有在现有技术的基础上想出我特别喜欢的新配方，而在这里复制其他人的配方，似乎与本书的想法背道而驰。如果你喜欢冷萃咖啡，那么我鼓励你进行试验，因为这可能是容错率最高的咖啡冲泡方法。研磨粗细有些差异也没关系，萃取时间略长或略短于预期的时间（如果目标时间是24小时，那么26小时带来的差异是很小的）还是可以制作出你喜欢的冷萃口感——这样未尝不好。

6

第六章

如何制作美味的浓缩咖啡

浓缩咖啡是一种令人惊艳的饮品，它的口感强烈、丰富、复杂但又稍纵即逝。在过去的几十年里，许多人已经将之视为咖啡的顶峰。虽然我并不那么认为，但是我绝对能理解这种迷人的冲泡方式的魅力和乐趣所在。

制作出一杯真正出色的浓缩咖啡，是一项极其令人满意的成就，但我得负责任地强调，要达到这一境界可能需要花费大量的时间、精力和资源。许多人问我是否应该买一台意式咖啡机，毕竟他们喜欢喝浓缩咖啡或卡布奇诺，而且在家里随时可以喝到咖啡的想法也非常诱人。我的回答通常是："你想发展一个新爱好吗？"并不是每个人都想，而且很多人对我家里也没有意式咖啡机而感到惊讶。

在本章中，我将会探讨浓缩咖啡制作的各种变量与因素——从机器设备到冲泡技巧。我首先希望人们享受喝咖啡，所以如果大家所喝的咖啡来自一家愿意投资好设备、上乘的咖啡豆、咖啡师培训及后续的清理工作的优质咖啡馆，那就太好了！

浓缩咖啡的原理

要快速冲泡的话，你需要研磨得很细的咖啡粉，这样才能在有限的时间内萃取所有风味。问题是，当咖啡磨得很细时，单靠重力并不能让冲泡水流通过咖啡粉饼，于是浓缩咖啡被发明出来解决这个问题。

为了让水流过咖啡粉同时确保快速冲泡，需要压力。最初使用的压力来自锅炉内的蒸汽，压强也没那么高——可能是1~2巴[1]（bar）。由此冲泡出的也不是覆盖着一层金棕色泡沫（克丽玛）的浓郁咖啡。一开始，浓缩咖啡更接近用摩卡壶煮的咖啡甚至滴滤式咖啡。咖啡冲泡技术的创新和改进意味着我们现在可以使用电动泵或者压缩弹簧，抑或只是手臂杠杆的力量，从而产生更高的压强来制作我们今天所熟知的浓缩咖啡。

Espresso 这一词在意大利语中有两个含义，就像 Express 在英语中的含义一样。它意味着"快速"，也意味着"压力"。作为一种饮品原料，其快捷和灵活使其在咖啡行业广受欢迎，为大量不同人群提供各式各样的咖啡饮品。然而，浓缩咖啡通常是许多商家制作咖啡的第一也是唯一选择，再加上世界各地对意大利文化各方面的热爱，意味着意式浓缩咖啡在许多人眼里已成为制作咖啡的"最佳"方式——登上咖啡"鄙视链"的顶端。

事实也不尽然。意式浓缩的确是一种制作咖啡的美妙方式，但不会比其他方法制作出来的咖啡更好喝。事实上，意式浓缩咖啡需要高强度制作——短时间、高压和细研磨，使得这种制作方法相当棘手且常令人感到沮丧。有人认为浓缩咖啡的制备出品是整个餐饮界中最烦琐且最困难的，老实说，对此我恐怕无法反驳。

然而，一旦了解浓缩咖啡的主要原理，就可以有效地控制冲泡。虽然可能仍然难以达到出品完美的效果，但我认为，每天轻松重复制作美味的意式浓缩咖啡是完全有可能的。

1　1巴等于100 000帕。——译者注

阻力成就浓缩咖啡

一台好的意式咖啡机以可重复的压强和温度将热水推出。要想控制浓缩咖啡的冲泡，其实是在控制水流通过咖啡的难易程度。水流速度越慢，其萃取的风味可能就越丰富。这看似相对简单，但是意式浓缩隐藏的困扰是，冲泡参数或准备工作只要有非常小的改动，就会完全改变浓缩咖啡的最终口味。

首先，你可以利用两个变量来控制阻力：粉碗中的咖啡粉量和咖啡粉的研磨粗细。很明显，粉碗里的咖啡粉越多，水流阻力就越大，冲泡速度也越慢。我在后面会讨论到这点，但值得指出的是，0.5克这样的微小变化就会对浓缩咖啡的萃取方式产生非常显著的影响。

依据沙子或鹅卵石的大小来思考咖啡粉的粗细是个好办法。如果你试图用鹅卵石建造一座大坝，水流很容易通过碎石之间的缝隙；但如果使用沙子，就会产生更大的阻力，因为缝隙变得更小了。咖啡也是如此：更细的研磨会产生更大的水流阻力，减缓冲泡速度。

我们倾向于使用另外两个变量来衡量浓缩咖啡：浓缩咖啡液体量及萃取时间。这不但可以让你测量流速，还可以

控制参数，了解需要进行哪些改动，以提高咖啡味道或保持良好的口感。

在这4个变量（咖啡粉量、研磨度、浓缩咖啡液体量和萃取时间）中，你经常会看到其中的3个作为冲泡参数出现。烘豆师可能会建议使用18克咖啡粉，在28~30秒的时间内制作36克浓缩咖啡液体。如果他们能以某种方式告诉你理想的研磨度，会很有帮助，但我们目前还无法有效地描述研磨度。要找到合适的研磨度，唯一的方法是用固定的粉液比反复冲泡，观察萃取时间。然后调整研磨度，直到获得理想的萃取时间。

这个过程在咖啡行业和更广泛的群体中被称为"调磨"（dialling in），乍一看可能像一个试错的过程，人们犯的一些常见错误可能会使整个过程显得混乱或反直觉。我将在接下来的几页中介绍这些内容。

通道效应

浓缩咖啡有一个复杂的影响因素，那就是如果使用非常高的压强，会产生意想不到的问题。需要更高的压强才能使水流通过细磨咖啡粉密实的粉饼，但在高压下，水流会去寻找阻力最小的路径。为了

得到真正美味的浓缩咖啡，需要让水非常均匀地流过咖啡粉饼。然而，很容易发生的情况是，水找到密度较低的咖啡粉区并开始快速流过。这就被称为"通道效应"。

当浓缩咖啡产生通道效应时，会有更高比例的水流通过粉饼的一个小区块。这一区块的咖啡风味会得到极其充分的萃取，往往开始出现尖锐和非常苦涩的味道。这样一来，其他部分的咖啡粉只会跟很少的水接触，因此并未被充分萃取，导致你得到一杯酸度很高的咖啡。有通道效应的浓缩咖啡，味道会非常糟糕。

在过去几年间，我们对通道效应的理解，包括其成因、预防措施及其普遍性，已经发生了巨大的变化。提醒一下：即使是最有经验的咖啡师，擅用每一种工具，制作的咖啡中有时仍然会产生通道效应，只是程度不高。在如此高的水压下，要完全避免产生通道效应是非常困难的，但是在制作意式浓缩咖啡时专注于均匀布粉，将会有更大的机会获得美味的咖啡。我将在本书的第174—177页介绍粉饼的准备技巧及如何填压咖啡粉。

我留意到冲泡温度也经常被拿来讨论，咖啡烘焙商或线上社群提供的浓缩咖啡冲泡参数中往往会提及。现在许多机器支持用户在操作界面上使用数字控件轻松调整冲泡温度。我稍后会更详细地讨论这点，但在试图理解调磨的关键原则时，我想将其分开来讨论。

在接下来的几页中，我将讨论调磨的实际操作，以及如何调整你手中咖啡的冲泡参数或技术。许多因素会影响浓缩咖啡的冲泡方式和味道。你总是会追求味道最好的浓缩咖啡，而味道也会指引你做出决定。

通过味道进行调磨

通过一些练习，你可以利用浓缩咖啡的味道来引导自己选择正确的变量进行改变，进行合适的微调，以便使下一次的冲泡更加成功。许多人对使用味觉调整的想法感到害怕或退缩，觉得自己缺乏专业品鉴者的经验或技巧。

当人们谈论咖啡萃取时，会经常听到"萃取不足"和"萃取过度"这两个表述，对这两个术语更全面的解释请回头参考第78—79页的《咖啡冲泡的底层理论》。这里我将着重讨论与萃取缺陷相关的两个关键味道元素：酸味和苦味。

大多数精品咖啡都会酸，不过酸度会因咖啡豆的烘焙度、品种、处理法或农场

风土而异。在咖啡界及整个餐饮界，酸味都是味觉体验的一个美妙方面。酸味的难题在于，对于许多人来说，如何平衡酸质是一件棘手的事情。如果令人不悦的酸占了味觉的主导地位，绝不会讨人喜欢。一个清脆的青苹果具有令人愉悦的强烈酸度，但纯青柠汁就不那么有趣了。在咖啡中喜欢多高的酸度因人而异，咖啡旅程的一环就是找到你喜欢的咖啡和冲泡方式。但是，你可以将酸度作为评估萃取水平的一个非常明确的指标。

如果咖啡萃取不足，那么其中可能会有显著且令人不悦的酸度，这是因为咖啡中的酸性化合物极易溶解。当咖啡萃取越来越充分，酸度逐渐被甜平衡，咖啡也会变得越来越令人愉悦。当然如果萃取超过了某个点，过度萃取的味道会开始影响味觉体验，以强烈绵长和令人不悦的苦味形式出现。

酸苦混淆

令人不悦、尖锐的酸味与苦味混淆在一起是一种常见的现象，我们称之为酸苦混淆。这种现象在咖啡中尤其令人困惑，因为这表明有截然不同的问题出现！你偶尔会看到舌头的味觉分布图，显示你尝到酸味或咸味的区域。这种呈现令人费解，因为味蕾遍布整个舌头，并且可以检测到所有的味道。然而，许多人会在舌头两侧下部感知到酸味，而且一喝咖啡会立刻感受到。苦味通常在整个舌头和喉咙中感受到，喝咖啡时，吞咽后会更明显地感受到苦味的增加。如果你想找机会实践，下次做沙拉酱时是个绝佳的机会，去体验纯酸（以醋或柠檬汁的形式）和苦味（如果你有使用优质的橄榄油）的感受。

如果冲泡一杯浓缩咖啡后发现酸度过高，并且咖啡的醇度或口感有点薄弱，那么可以断定需要从咖啡中萃取更多风味。很有可能是研磨太粗，粉跟水之间的接触时间太短。还有其他方法可以改变萃取程度，接下来我将讨论冲泡浓缩咖啡的变量，不过酸度平衡实际上是你做出决定和选择改变变量时主要考虑的因素。

参数和比例

现代风格的意式浓缩咖啡冲泡通常使用冲泡参数和粉液比来描述和交流。

过去，浓缩咖啡液的量是用毫升来表示的，但这种测量方式已经逐渐过时了。通过体积来传达浓缩咖啡参数的难点在于，浓缩咖啡中有一部分是克丽玛。克丽玛是浓缩咖啡液中的泡沫，是二氧化碳从咖啡液中释放并被咖啡中的表面活性剂包裹而产生的。从浓缩咖啡中得到的克丽玛含量，与冲泡咖啡时在咖啡中产生的二氧化碳含量有很强的相关性。这意味着更新鲜的咖啡会产生更多的克丽玛；还有其他的因素影响，比如烘焙度，冲泡时用阿拉比卡还是罗布斯塔豆。因此，如果你用非常新鲜的咖啡豆制作30毫升的浓缩咖啡，那么大部分体积会是气泡；而不那么新鲜的咖啡会有更多的水通过咖啡粉，液体就会弥补缺失的气泡体积，从而使总体积达到30毫升。因此，冲泡时间相同的两杯咖啡，实际上成品大不相同，味道也有很大差别。对浓缩咖啡液进行称重的举措有助于消除这一变量，因为气体对浓缩咖啡液的重量几乎没有影响。如果遵循不那么新鲜的咖啡豆的萃取参数来冲泡较为新鲜的咖啡豆，同样得到40克浓缩咖啡，液体的体积会更大。

克丽玛

克丽玛是浓缩咖啡的决定性品质之一，充满着浪漫气息。毫无疑问，它会让咖啡看起来更好喝，但我们的目标应该始终是制作出最好喝的浓缩咖啡，而不是最好看的。正如前面提到的，克丽玛是由浓缩咖啡中的二氧化碳困在气泡中形成的，是一层相当稳定的泡沫。水在浓缩咖啡冲泡过程中受到高压作用时，能够比常压下溶解更多的二氧化碳，造成"超饱和"状态。当浓缩咖啡液离开冲泡粉碗，液体恢复到正常大气压时，二氧化碳则以气泡形式从溶液中释放出来。

克丽玛似乎会捕捉通过粉碗的极细粉，在克丽玛顶部形成讨人欢喜的图案，即所谓的"虎斑"。较深烘焙的咖啡豆往往会产生更多虎斑，确实使浓缩咖啡看上去更悦目。克丽玛通常被视为咖啡师或机器出品的质量标志，这一定程度上是准确的。制作不佳或是用不新鲜的咖啡豆冲泡的浓缩咖啡，并不会产生任何持久的克丽玛，所以没有克丽玛的咖啡肯定是面前的咖啡有问题的信号（假设这杯浓缩咖啡是做好后立即端给你的，因为表面的克丽玛消散得相当快）。但是，在肮脏的机器中冲泡低品质的新鲜烘焙咖啡也会产生大量的克丽玛，最后你会得到非常难喝的浓缩咖啡，所以不要偏信咖啡表面浮着的浓密棕色泡沫。

如果想恰当控制浓缩咖啡的冲泡，希望现在你可以明白，为什么要关注浓缩咖啡液的重量，而不是体积。一套便宜的小型数字秤的成本，很快会被大量减少的咖啡浪费所抵消，因为用眼睛来寻找更好喝的浓缩咖啡容易产生咖啡浪费的行为。在继续讨论其余的参数因素之前，我想先谈

谈浓缩咖啡的粉液比。

粉液比

你会在线上线下的浓缩咖啡社群中看到很多关于浓缩咖啡粉液比的讨论。粉液比是指咖啡粉与浓缩咖啡液重量之比。如果你用了18克咖啡粉，冲了36克浓缩咖啡液，那么粉液比就是1:2。粉液比有几个要点。首先要理解为什么比例在众多餐饮领域（尤其是烘焙）都很重要。如果你增加一种成分的量，那么依照固定的比例，就有助于计算另一个

成分的用量。如果将咖啡粉量改为20克，那么你需要将浓缩咖啡的液体量增加到40克。

　　虽然有些令人费解，但有一点很重要：如果你使用两种参数进行冲泡，并在相同的冲泡时间和相同的冲泡温度下进行萃取，那么18克粉、36克浓缩咖啡液的味道应该与20克粉、40克浓缩咖啡液的一样。后者只是比较大杯。而现实中这种情况很少见，在第138—143页探讨浓缩咖啡冲泡理论时谈到了部分原因。虽然固定比例并不是解决所有问题的方法，但在对浓缩咖啡的冲泡方式进行微调时，请务必确保比例恒定。

　　粉液比的第二个应用领域是为不同形态的浓缩咖啡提供一些定义。过去，浓缩咖啡实际上有三种诠释：超浓缩咖啡（ristretto）、浓缩咖啡（espresso）和长咖啡（lungo）。现在我们可以使用比例

来定义这些饮料，不过更多是参考建议，而不是绝对的规范。

　　超浓缩咖啡的粉液比通常在1∶1到1∶1.5之间。你也可以做比1∶1更浓的比例，但萃取得当、咖啡好喝的机会微乎其微。浓缩咖啡现在可以定义为1∶1.5到1∶3之间。长咖啡可以是任何小于1∶3的比例，但比例小于1∶6或1∶7就接近用意式咖啡机制作滴滤咖啡了。

　　针对第一次冲泡浓缩咖啡的人，我通常会推荐使用专为浓缩咖啡烘焙的咖啡豆，按1∶2的比例冲泡。这并不一定适合所有人，但通常会接近你的目标，只需对冲泡方式进行一些微调，以修正其味道不太对劲的方面。

　　了解浓缩咖啡中的粉液比有助于交流和理解烘豆师或网上分享的冲泡参数，也有助于理解参数的基本理念，控制关键的变量，从而制作出更多美味的咖啡。

如何调整磨豆机

对于刚开始接触咖啡的人来说，制作意式浓缩咖啡最折磨人的环节就是调整磨豆机。

原理看起来很简单——想减慢水流通过咖啡的速度，从咖啡粉中萃取更多的风味，就把咖啡磨得更细；同样，为了加快水流过咖啡的速度，需要将咖啡磨得更粗。

当人们困扰于咖啡的味道不如预期时，有两个主要原因。第一是由磨豆机内部的残粉造成的。几乎每台磨豆机都会有少量咖啡粉残留，许多磨豆机会在机器磨盘和咖啡粉的出粉通道之间残留大量咖啡粉。这意味着当你调整磨豆机准备研磨下一份咖啡时，得到的咖啡粉是旧刻度和新刻度的混合物。这可是个问题。假设你想研磨得更细，然后冲泡了这类研磨混合物，水的流速会变慢，但可能还不够慢。如果你立即再次更改研磨度，那么下一次的冲泡仍将混合着不一样研磨度的咖啡粉。解决方案虽然很简单，但也令人感到烦恼。最佳的做法就是清理磨豆机：研磨少量咖啡豆，以便排出之前的研磨残粉，然后弃置。

这样做既浪费也烦人，是机器糟糕设

计的结果，也是一个变量。在许多现代的单次量磨豆机中，浪费的粉量可能只有5克。而在许多商用的意式咖啡磨豆机中，需要清理20克以上的咖啡粉，这非常不利于做生意。然而，清理掉5克的咖啡粉，总比不清理而直接研磨18克咖啡，结果得到一杯难喝的浓缩咖啡要好。

第二个让人困扰的方面是不知道粗细要调整多少。应该将调节环或刻度盘向更细或更粗的方向转多少？这里很难给出绝对的准则，对于阶梯式调节磨豆机而言，转动一格通常会使冲泡时间改

变大约3到4秒。无级调节的磨豆机通常
会有某种指示，可能是线条、槽口或其
他标记，每个标记所调节的程度大致相
同。虽然也会有例外，但我通常会避免
进行大幅度的调整，除非冲泡结果明显
偏离正常或良好的状态。

家用咖啡冲煮指南

冲泡温度和泵压

在过去几十年的浓缩咖啡冲泡历史上，这两个变量都引发了大量讨论。

一部分原因是人们更细致地理解了这两个变量的影响，另一部分原因是咖啡社群要求制造商解决这些简单的技术问题，而制造商也大张旗鼓地做了调整，进而增加了对某些变量的讨论。

冲泡温度

典型的例子就是冲泡温度。在21世纪初期，一些咖啡专业人士和热情高涨的咖啡爱好者开始尝试更精确地控制意式咖啡机的冲泡温度。在此之前，机器的冲泡温度一直比较稳定，但并非绝对一致。机器制造商最初对平稳的温度这一新要求回应得并不积极，因为这就好像是在承认他们现有机器有缺陷，但逐渐地各家都找到了让机器在冲泡过程中温度稳定一致的方法。

在人们完全了解浓缩咖啡的萃取原理以及称量浓缩咖啡的重量之前，这项技术就已经出现了，它使得许多人相信，不到0.5℃的微小温度变化，就会对浓缩咖啡的味道产生重大影响。现在看来，之前人们可能是根据目测进行冲泡，从而导致了相当大的变数，温度较高的咖啡的确可能更好喝，但温度的微小变化可能并不是影响咖啡味道的主要原因。

并不是说冲泡温度不值得讨论，冲泡温度确实会影响咖啡的味道，所以有一台能够提供一致冲泡温度的咖啡机是有帮助的。（但我要说，在我一生中喝过的难喝的浓缩咖啡中，仅靠冲泡温度的微小变化就可以挽救的，只占1%。）

提高冲泡温度有助于提高萃取率、降低咖啡的酸度并增加甜度，但只会有一定程度的影响。这样做并不会解决粉液比、冲泡时间等冲泡参数或研磨度方面的根本缺陷。如果那些方面能做得接近优秀，一个微小的调整就可以让咖啡变得更好喝。

根据咖啡烘焙度来改变冲泡温度很重要。浅烘豆可以承受更高的温度并从中获益，因为所含苦味化合物较少，而苦味化合物在较高温度下容易被萃取出来。92～100℃的冲泡温度适合较浅烘焙的咖啡豆。对于中度烘焙的咖啡豆而言，我会选择从85～95℃之间的某个温度切入——针对偏深的烘焙度选择更低的冲泡温度。对于深烘豆，我会在80～85℃之间进行冲泡，以尽量减少苦味，当然你也可以提高温度，冲泡出你特别喜欢的那种苦味。

然而，我不太愿意谈论冲泡温度的绝对值，以免进一步强化平稳温度冲泡更好或更理想的观念。对此目前还没有定论，但我觉得更重要的是可重复性和可控性。许多机器由于其核心技术，在冲泡过程中温度会产生变化的曲线。这类机器也完全有能力制作出美味的意式浓缩咖啡。

我们也即将在意式咖啡机中看到可靠的温度曲线，你可以在冲泡过程中调节温度。这很有趣，但我们离知道如何用好它还有很长的路要走。由此我们巧妙地进入了本节的第二部分。

泵压

浓缩咖啡被定义为在相对较高的压强下冲泡的咖啡，但这个说法也造成了一些混淆。最常见的推荐压强值是9巴。然而，要理解这一点并正确复现，你需要了解大多数意式咖啡机中产生和控制压强的原理。

在带有旋转泵的商用意式咖啡机中，当泵启动且手柄中有咖啡粉时，通常会看到压力表达到9巴。这个压强是在非常靠近泵的地方测量的，代表机器系统中的最大压强。在冲洗咖啡机的冲泡头、将之前冲泡时分水网上沾的咖啡粉冲掉时，你会注意到，尽管压力表上显示出非常高的压强，但流出的水似乎没有受到压力推挤。这是因为整个机器系统的压强不是恒定的，如果泵和冲泡头之间没有任何阻力，压强就会逐渐下降。将咖啡粉放入冲泡手柄后，会产生一些阻力，泵的全部力量就可以施加到咖啡粉上。然而，当人们使用仿造成浓缩咖啡粉饼的工具来测量冲泡头处的压强时，发现压强仅为8巴。这是因为咖啡机不是一个密封系统，就像在浓缩咖啡冲泡过程中一样，当液体流过咖啡粉饼进入杯子时，压力就会散去。在咖啡粉饼中产生的阻力，将决定机器产生的压力会有多少施加在粉饼上。粗研磨的咖啡会在相对较低的压强下进行冲泡，而细研磨的咖啡则会接近9巴，因为液体几乎难以通过。

使用振动泵的机器，通常让泵在高于9巴的压强下运行，然后使用高压阀（OPV）排放压力，降低高出的压强。令人遗憾的是，大多数家用机器的高压阀设置并不正确，虽然修复并不困难，但确实涉及需要拆开机器更改设置——这样做可能会使保修失效，而且如果你不清楚自己要对这台电子设备做什么，是相当危险的。所以我并不会广泛推荐拆修。

在1961年之前，意式咖啡机通常使用弹簧杆来产生冲泡所需的压力。这种方法不会产生固定的压力；相反，在冲泡开始、弹簧杆释放后压力就达到了最大。压力会在冲泡过程中下降，因为弹簧会回弹，弹性势能会变小。随着1961年FAEMA E61意式咖啡机的成功，电动泵获得了普及——这台机器使用了旋转泵。这也可能代表了浓缩咖啡社区出现分裂的时刻——有的人喜欢平稳压强，而有的人喜欢压强曲线。

压强起初只是小众咖啡社群感兴趣和做实验的对象，直至La Marzocco发布了Strada咖啡机，这台机器使用齿轮泵执行预设的压强曲线。这项技术及其压强曲线的概念一经推出就引起了人们的极大兴趣和热情，但经过了多个咖啡机制造商长达10年的实验，我们才对浓缩咖啡冲泡压强曲线的潜在益处有了一些了解。

为了讨论浓缩咖啡的压强曲线，我得说说浓缩咖啡冲泡的最初时刻，通常也被称为预浸泡阶段。

预浸泡阶段

这个术语已经存在了相当长的时间，但在现今的咖啡冲泡中相关讨论愈演愈烈。几乎在每台意式咖啡机中，冲泡的前几秒都不会以全压力进行。这是因为最初水会先浸入咖啡粉中，填满装着咖啡粉的粉碗空间。在整个粉碗完全充满水后，泵所产生的全部压力才能转移到咖啡粉上。一些机器会让水流通过一个非常小的孔（直径通常约为0.5毫米，不同机器会有所不同）来进一步减慢粉碗充满水的速度，这会减慢水的流速和系统达到全压力的速度。这就是为什么按下咖啡机上的按钮后，通常需要6~10秒咖啡才会出来。

更令人困惑的是，"预浸泡"既代表浓缩咖啡冲泡的一个阶段，同时也是浓缩咖啡冲泡的一个目标。这个目标是确保在泵开始施加全部压力之前，整块咖啡粉饼都已经浸湿。关于为什么需要关注预浸泡，有很多种推论，但我可以肯定地说，正确实现预浸泡有助于冲泡过程中的均匀萃取，从而提升浓缩咖啡的风味。

许多机器可以通过某些方式来延长或控制预浸泡阶段，一般来说，我建议对此进行试验，以找到咖啡粉饼湿润但尚未处于全压状态的阶段。使用无底手柄最简单，这类手柄经过改造后可以露出隐藏在里面的粉碗底部。如果你想提高浓缩咖啡冲泡技术，我建议你将之收入囊中。（有关手柄组件的更多信息，请参阅第156—157页。）

我不推荐的一种方法是，将泵启动，然后将其关闭，等待，然后再次启动。这个过程虽然理论上会增加一个预浸泡阶段，但通常非常具有破坏性。如果在冲泡粉碗内产生了压力，它会通过冲泡头排出，在咖啡粉饼上产生短暂的向上的力，从而可能会使粉饼微微断裂。因此，当泵全功率重新启动时，粉饼可能会出现缝隙，从而导致通道效应。

主要冲泡阶段

在浓缩咖啡的其余冲泡阶段调整压强是一件值得探索的事情，尽管你开始很容易感觉每次的冲泡味道都有点不同——且大多数的情况可以说味道会更糟糕，而且也不如恒定压强下做出来的咖啡好喝。至少可以说，这挺令人沮丧的。不过在专业和业余的浓缩咖啡玩家群体中，它仍然是一个热门的探索领域。

我可以提出的最好的指导就是，注意流速。流速指的是水流过咖啡粉饼的速度。压强和流速是有关系的——压强越大，水通过咖啡的速度就越快，这很容易理解。然而，实际情况却不一定如此。超过9巴的压强可以将咖啡粉饼压缩变小，以至于实际上流速会开始下降。有些人推测，之所以首选9巴作为冲泡压强，是因为这个数值对应压强和流速的正态曲线上的最高流速。

观察流速的有趣之处在于，它可以传递很多关于浓缩咖啡的信息。来自泵的恒定压力不会在浓缩咖啡中产生恒定的流速。在后半段的浓缩中，流速将开始加快，并变得越来越快。这是因为浓缩咖啡在冲泡过程中逐渐侵蚀和溶解了咖啡粉饼。萃取结束时，粉碗内的咖啡粉分量会比开始时少。

有一种观点认为，在冲泡过程中降低泵压有助于保持稳定的流速。这是拉杆式咖啡机所做的事情（参阅第158—160页），可能也是许多人喜欢用这种咖啡机制作浓缩咖啡的原因之一。在冲泡过程中降低压强可能还有另一个好处：不太可能在咖啡粉饼中产生新的通道。浓缩咖啡冲泡的压强越大，就越有可能产生通道，如果机器可以调节，那么降低压强可能是此问题最简单的解决方法。

我要给出的最终指导是，9巴不再被视为黄金准则。你可以在较低的压强下获得美味绝伦的浓缩咖啡。如果你有一台入门级到中级的意式咖啡磨豆机，那么在6巴的压强下冲泡，可能是提高萃取均匀度的好方法；如果你仍在提升咖啡粉饼准备技巧（冲泡前的配量、布粉和填压咖啡粉的过程，请参阅第174—177页）的阶段，降低萃取压强也会有帮助。

手柄组件

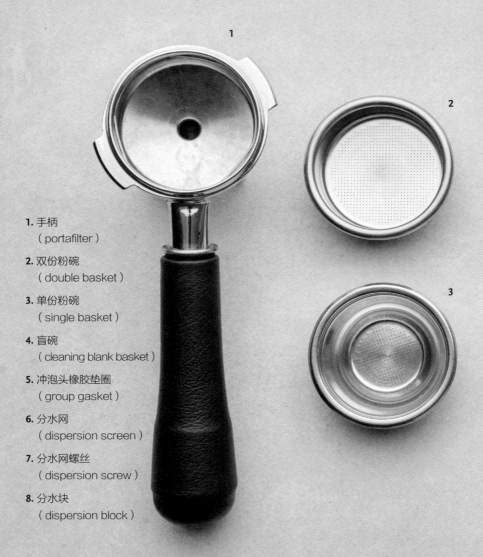

1. 手柄
（portafilter）

2. 双份粉碗
（double basket）

3. 单份粉碗
（single basket）

4. 盲碗
（cleaning blank basket）

5. 冲泡头橡胶垫圈
（group gasket）

6. 分水网
（dispersion screen）

7. 分水网螺丝
（dispersion screw）

8. 分水块
（dispersion block）

如何选购意式咖啡机

对于大多数人来说，意式咖啡机是最昂贵的咖啡器材。

用咖啡店的一小部分成本购买一台意式咖啡机，你就能得到丰富而愉悦的咖啡体验，而且还能随时随地享用。事实上，制作浓缩咖啡无疑属于一种爱好，大多数人并不是真正想要买一台机器。制作浓缩咖啡既费时又麻烦，而且很容易让人备受挫折。对于一个热爱咖啡的人来说，如此消极地谈论意式咖啡机似乎很奇怪。但于我而言重要的是，如果你打算花一大笔钱买一台咖啡机设备，那么你应该享受使用它的乐趣。比起在机器前调磨，如果你更喜欢每天早上直接喝一杯咖啡，那么我诚恳地推荐你采用其他在家冲泡咖啡的方法，或找一家很棒的咖啡店，去享用一杯咖啡（如果你附近有的话，但据我所知好的咖啡店都离得很远）。

从基本原理来看，意式咖啡机只是做了一件相对简单的事情：利用高压推动热水通过细磨咖啡粉饼。无论价位如何，几乎每台意式咖啡机都能很好地满足这个简单的要求。因此选择一台新机器并了解钱具体花在了哪些方面，变得很困难。关于

选购的方法，本节将会拆分一台意式咖啡机运作的几个方面，并介绍不同的购买选项及其成本影响。这应该可以帮助你分析打算购买的机器的各种功能，了解其是否能够满足你的需求。

意式咖啡机如何产生高压

压强对浓缩咖啡的冲泡很重要；可以在第152—153页的"泵压"部分查看更多关于压强的影响。一台意式咖啡机可以通过4种主要方式来产生压力（大约9巴压强），让我们一起来探索一下。

1. 手动拉霸机

手动拉霸机没有可用于产生压力的内部组件；相反，它们需要咖啡师自己来提供压力。最常见的是使用杠杆，下压杠杆以产生必要的压力。好一点的机器会有压力表显示你施加的压力对应的压强值。使用这类机器的主要难题，除了要在一早就进行短暂的锻炼，另一个就是提供压力的一致性。使用拉霸机很难保证压力一致，

也不容易复现。一个细小的差异不太可能让美味的浓缩咖啡变得难以下咽，但你会发现想重现真正惊艳的美味咖啡困难重重。当然多做一些练习后，会改善很多。

另外，还有其他不直接使用杠杆的机器，它们使用其他方法将你的操作转化为冲泡压力，但如果不使用杠杆原理，操作会变得非常困难。手动意式咖啡机的优点是相对便宜，因为其机器不含任何类型的泵。这种冲泡方式的另一个好处是可利用触觉，尽管这并不普遍。不管怎样，手动机器可以让你完全控制冲泡过程。毫无疑问，使用杠杆机器会有一种与之联结的感觉以及手工的乐趣，对许多人来说，制作意式浓缩咖啡的过程变得有仪式感了，或许也更加个人化了。不过请注意，这种乐趣可能会消退，你可能很快就希望将这部分过程交给可重复且更省力的机器来完成。

2. 弹簧式拉霸机

这种类型的拉霸机，乍看起来和手动式意式咖啡机一样，但有一个关键的区别——在冲泡头的内部、驱动水通过咖啡的活塞上方，有一个大弹簧。拉下控制杆就会压缩弹簧，松开则会使弹簧回弹，同时将水压至粉饼。第一台真正能达到高冲泡压强的意式咖啡机，就是这样运作的。

弹簧加压的好处有两个。第一，能让咖啡的制作方式保持一贯性。弹簧能以可预测和可重复的方式回弹，意味着每份浓缩咖啡的制作过程鲜有差异。第二，随着弹簧回弹，其施加的压力对应的压强开始下降。这会产生一条简单的压强曲线，压强最初可能会飙升至12巴，然后在冲泡过程中下降到3~4巴。（不会下降到这个压强水平以下，因为粉饼会有一定的阻力，所以弹簧最终还是会有一定的张力。）

就像手动拉霸机一样，弹簧式也具有成本优势，而且技术成本不会严重影响机器的价格。但是，就像手动拉霸机一样，需要自己做一些操作。你必须用力拉才能压缩弹簧，这对很多人来说是相当费力的。此外存在一个小风险：杠杆还没完全拉下来就松开了（底部通常有一个锁定结构）。如果腔室没有充满水也没有在冲洗咖啡渣，那么在没有任何阻力的情况下释放杠杆，它会以极快的速度和巨大的力度弹回，位置通常会在咖啡师的脸附近。多年来，有许多关于此类令人痛苦和不愉快的事故报道。因此，使用机器时一定要注意。尽管这类机器是非常安全简易的，但也请牢记安全第一。

3. 振动泵

在使用电动组件来产生压力的领域，最便宜也最常见的方法就是使用振动泵。它们很小又很便宜，并且能产生高于冲泡所需的压力。也正是这一点让购买者感到困扰。

查看一些家用咖啡机的包装盒，你会发现关于该机器能够产生15巴或更高压强的各种说法。在你只需要9巴的情况下，这实际上不是什么好消息。高端机器用来调节压强的技术被称作高压阀。这是一种小型机械阀，用于释放机器系统中的过剩压力，以此来控制输送到咖啡的压力。振动泵可能会产生12巴的压强，如果你将高压阀设置为9巴，那么超过9巴的压强通常会释放到水箱中。但是，由于一些原因，这些机器在出厂时往往没有得到正确的设置。可能是制造商认为不重要，也有可能是为使用预磨的粗咖啡粉的消费者而设计的。在这种情况下，结果通

常会很糟糕，但是如果配合使用限制内部压强的特定粉碗，最终可以让咖啡提升到平均水准，也并不算差。

如果你希望用好带有振动泵的意式咖啡机，那么建议看看其他用户对其出厂设置的评价。更好更贵的机器通常具有更准确的高压阀设置，或者可以相对容易地更改设置。在某些情况下，所涉及的工作并不困难，但由于需要拆开机器，可能会丧失保修资格。

最后一点值得注意的是振动泵的噪声。振动泵制造压力时的声音并不特别安静或悦耳，不过一旦建立了压力，通常就不那么嘈杂了。如果你（或家里人）喜欢享受清晨的宁静和安稳，那么你可能要考虑下其他的机器。

4. 旋转泵

旋转泵是大多数商用意式咖啡机的标配，使用起来更加安静，而且设计得能每天长时间运作。旋转泵的缺点是需要电机来转动泵头，而电机的体积往往相当大。甚至一些商用机制造商选择将旋转泵留在机器外面，然后将其设计为可存放在机器下方的橱柜中的大小。

有一些带有较小的电机的型号，其旋转泵被设计为可安装在较小的半商用型意式咖啡机中的大小，调整泵压相对容易。旋转泵确实会显著地增加机器成本，而且不一定能产生比其他系统"更好"的压强。它们在商用场合中受到青睐是因为其高度可重复性，但你要知道配有旋转泵的机器会占用你厨房或吧台更多的空间。

压强曲线

在这里说明一下意式咖啡机是如何实现压强曲线的。有几种不同的方法，比较常见的是使用振动泵之类的技术。在商用场合，还可以看到使用齿轮泵来变压的机器，这是一种通过改变电压来控制改变泵的转动速度，以产生不同程度的压力的方法。在其他情况下，通过有效地改变高压阀来控制压力，也能够从机器系统中释放出不同程度的压力。

能够提供压强曲线的咖啡机通常更昂贵，其使用和调试方法也更为复杂。能够在冲泡过程中控制和改变压力是有好处的，在"冲泡温度"和"泵压"的部分中有更详细的讨论，请参阅第151—153页。

机器如何加热水

从千禧年代开始，对浓缩咖啡冲泡技术的关注焦点就集中在冲泡温度上。

尤其是，人们强烈地想为浓缩咖啡创造平稳的温度，让通过咖啡的水保持在一个非常小的温度区间。这促使意式咖啡机制造商改进了所使用的技术，现在许多机器都能够以非常一致的温度来冲泡咖啡。

就个人而言，我对泡出美味的浓缩咖啡最在意的不是绝对平稳的温度，而是可重复实现的温度曲线。水温无疑会影响风味，因此不一致的温度会妨碍你重现一杯钟爱的浓缩咖啡。然而，如果咖啡机产生的温度曲线——在开始时可能很热，冲泡结束时稍微降温——每次都相同，就不是什么坏事。

使用家用咖啡机的话，会受到物理规律和所用电源的限制。许多机器都可以高效地加热水，但加热到所需温度的热水量，会受到加热元件的限制，而这些元件又会受到厨房插座实际功率的限制。

一台咖啡机以什么方式加热水往往与其价格有很强的相关性，通常你主要在为此付钱。机器加热水的方式也会影响你控制冲泡温度的方式，以及它所产生的温度曲线。

加热块

在许多便宜的机器中，加热块是最常见的——加热一大块金属，水在从其内部蜿蜒通过的过程中被加热至所需的温度。这是一种经济实惠的解决方案，虽然本身并无缺陷，但在某些方面还是存在局限性。

制造商监测和控制加热块温度的方式，会影响水通过机器系统的速度和其最终的温度。当空放水时，会有大量冷水快速推入加热块，加热系统很快就会冷却下来。而将水长时间地留在加热块内，可能会导致水变得太热，因此通常需要有一个平衡的做法。这意味着你可能需要冲出一些水来冷却机器，但最好不要太多。这种平衡温度的做法被称为"温度冲浪"（temperature surfing）。

通常，这种加热块也被用来产生蒸汽，有这种功能的机器上有一个开关，它

双锅炉意式咖啡机

家用咖啡冲煮指南

加吉亚半自动咖啡机

黑鹰单头意式咖啡机

可以将温控器设置成更高的温度。这意味着你可以使用机器来制作浓缩咖啡以及打奶泡，但不能同时进行。

在一些更便宜的机器中这项技术调校得不太好，因此要想找到对的冲泡温度并确保可重复，需要更多的操作尝试。虽然做得到，但需要付出更多的努力。

单锅炉

单锅炉的运作方式在很多方面都类似发热块，但它不是让水流经过金属块，而是让大量的水保持在特定的温度。

与配有发热块的机器一样，单锅炉机器只能分开提供冲泡的热水或打奶泡的蒸汽，不能同时进行。好处是，这样做往往更容易重复，并且不会像便宜的加热块那样有较大的出品差异。

热交换式锅炉

这可能是高端家用咖啡机以及商用咖啡机中最常见的技术，热交换式锅炉是由单个锅炉组成的。该锅炉在高温下运行，意味着蒸汽随时可用。冲泡咖啡

的水会有单独的管道通过蒸汽锅炉。当水经过蒸汽锅炉时，管道周围的热量会传导到冲泡水管道，并使其达到冲泡需要的温度。和加热块一样，水通过系统的速度决定了它的温度。这意味着许多热交换式锅炉都有一个辅助系统，称为热对流系统（thermosyphon），允许水从热交换式锅炉的顶部循环到冲泡头，然后在热交换发生之前回到机器系统。

由于温度较高的水密度较低，因此会在系统内部上升，从而导致水不断循环。水的流动也有助于保持冲泡头的温度，否则冲泡头会变冷，并对咖啡的冲泡产生负面影响。

一家名为 FAEMA 的公司开创并推广了这类极受欢迎的机器系统，它所制造的机器叫 E61，是以发布的年份 1961 年命名的。在如今的机器中，E61 的冲泡头仍然很流行，尽管也出现了其他热交换式的系统和技术。

通常，热交换式锅炉不会产生平稳的温度曲线，尽管有些经过改良后可以做到。热交换式锅炉也使用温度冲浪的

方法控制温度，以发挥机器的最大潜力。最后，关于控制温度的方法，你会了解到这样几种。比较便宜的方法是用一个机械式的恒温器，需要用螺丝刀调整，很难准确设置。第二种越来越普及的做法是数字控制，通常被描述为PID控制[1]，与处理器用来精确控制温度的数学运算有关，因此也可以简称为数字温度控制。在热交换系统中，你调整的是蒸汽锅炉的温度，因此需要进行一些换算。蒸汽锅炉可能需要设置在120℃才能产生93℃的咖啡冲泡水，制造商通常会针对期望的冲泡温度提供相应的蒸汽温度。如果制造商没有给出任何指导，我建议大家到网上去搜索咖啡消费者论坛上关于该机器的讨论。

双锅炉

双锅炉咖啡机在咖啡馆的兴起与出品更好的浓缩咖啡无关，反而源于大量的奶咖需求。浓缩咖啡随着美国快餐店模式开始出口至世界各地，同时卡布奇诺的杯型也越来越大，咖啡馆需要使用更多的蒸汽来制作饮品。热交换式锅炉的设计针对的是传统意式浓缩咖啡的出品，兼顾少量牛奶咖啡的出品。如果提高蒸汽锅炉的温度以帮助机器满足更多牛奶咖啡的出品需求，就会提高冲泡温度，使咖啡的味道变差。

双锅炉就可以解决这个特定问题。对热衷于意式浓缩的消费者来说，双锅炉也开辟了新的可能性。这种机器有一个专用的蒸汽锅炉，还有一个或多个完全独立的锅炉，这样可以保持所需的冲泡温度。将两种需求分开的话，就可以更好地控制浓缩咖啡的冲泡温度——随着冲泡锅炉的PID式数字温度控制技术被迅速采用，准确度自然越来越高。

这类咖啡馆或家用的机器里有更多的锅炉、组件和电子设备，所以价格自然会更高。因为你使用的是恒温锅炉中的水，这类机器通常可以给出平稳的冲泡温度。

1　比例—积分—微分控制。——译者注

冲泡控制

对一些人而言，浓缩咖啡的冲泡就是一种绝对控制，且应该是一种手工体验。

其他人则希望意式咖啡机能为冲泡的稳定性提供一些辅助，有些机器可以在你按下按钮时控制出品的液体量，方法有几种。

手动控制

最省钱的选择就是机器完全不控制冲泡水量。它有一个开关控制泵的启停，由你决定何时结束冲泡。更便宜的机器根本不提供任何指导，有些机器则会有一个计时表，至少可以让你知道萃取时间。

基于时间的控制

这种控制方法相对少见，不过这也许是有充分理由的。虽然可以将机器编程为运行30秒，然后停止，但由于浓缩咖啡的冲泡特质，咖啡粉量、研磨度或粉饼准备的变化意味着机器在该时间范围内可以冲出的浓缩咖啡液体量会有很大的差异。显然你可以保持冲泡时间不变，并调整粉量和研磨度，直至获得所需的液体量，不过

有些人认为操作起来不是特别简单。好处是这种控制机器的方法很简单，不需要额外的组件，所以比较便宜。

基于流量的控制

这可能是商用咖啡机中最常见的控制方式，但由于这项技术需要额外的成本，因此在家用机器中相对少见。这种技术在系统中使用了一个流量计，它就像一个小水车，在其中一根辐条上装有磁铁。流过的水转动水车，磁铁经过检测器时，会开始计算旋转的次数。在一定的转数后，机器认定先前设定的水量已经通过系统，机器将停止冲泡。

流量计的工作效果挺好的，但是高精度流量计的造价非常昂贵，因此不同咖啡机中使用的流量计可能会有一些不一样。此外，流量计测量的是有多少水输送到咖啡中，而不是通过粉饼后最终进入咖啡杯中的液体量。

在对流量计进行编程时，通常机器会

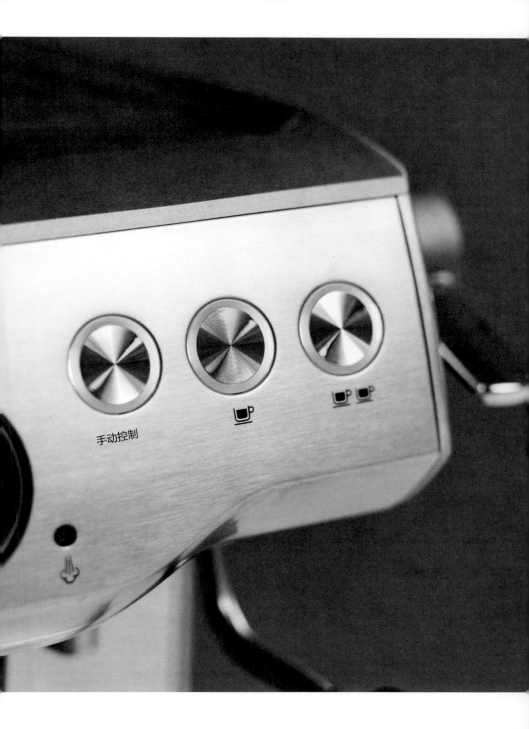

手动控制

要求你进行启动和停止的操作，它会记录下来，然后重现你的操作。一些机器会换算为毫升数，而另一些机器会显示流量计的转数，后者十分抽象，幸好非常罕见。

基于重量的控制

这项技术是最精确且可重复性最强的，因为它可以测量杯中实际有多少液体，并使用这个信息来控制和停止冲泡。然而，这是一种更为昂贵的方法，并且需要你留意杯子是否放在计重秤上。如果你在冲泡过程中移动杯子，机器无法区分你是轻轻按了下杯子还是浓缩咖啡流入了杯中。一旦开始冲泡，尽量不要去碰杯子。

这是目前最新的技术，也可能是造价最贵的。一些机器可以通过蓝牙连接智能秤，尽管比较少见。从控制冲泡的角度来看，这个方法绝对是最理想的，但可能不是每个人都负担得起的。

其他方面

打发牛奶：机器加热水的方式也与其加热牛奶来打发牛奶的方式相关。使用加热块或单锅炉的咖啡机（如第163—166页所述）需要进入蒸汽模式以加热到足以产生蒸汽的温度，这意味着你不能同时冲泡咖啡和打发牛奶。这类机器通常产生的蒸汽压力也较小，从而使打发变得更加困难。

大多数意式咖啡机都有一个非常标准的蒸汽棒，其末端有一个带有1~4个孔的金属头。也有一些制造商设计了自己的解决方案来替你打发牛奶，其中大部分配了一个塑料件，有助于将空气融入牛奶中，无须使用者操作或考虑太多。这些配件质量各不相同，从难以使用到还可以用用的程度不一。而且，大多数都很难清洁和维护。我并不推荐任何一个，但如果你有一个这样的配件，那么通常我觉得最好遵循制造商的使用说明。

应该指出，最近一些制造商制作了看起来与标准蒸汽棒无异的自动蒸汽棒，老实说，使用效果非常惊人。如果你对学习如何打发牛奶不感兴趣，那么我会推荐它们作为备选。

如果一台机器有一根标准的蒸汽棒，那么应该可以打发出很好的奶泡，但是在打发牛奶的速度和打发出好奶泡的难度方面会有一些不一致。（有关打发牛奶的更多信息，请参阅第180页。）

手柄尺寸：这似乎是一个内行人才需要考虑的问题，但它会影响机器的升级潜力，也就是在你卖掉旧手柄更换更高级的手柄之前，能用多长时间。

咖啡粉碗最常见的尺寸是直径58毫米。这意味着这个尺寸的配件比其他尺寸的都要多——有更多的粉锤可供选择，有更多尺寸的精密粉碗可供尝试。其他常见尺寸还有直径57毫米、54毫米、53毫米和51毫米。也有一些卓越的机器并不使用58毫米的粉碗，所以我不想阻止任何人购买不同尺寸的粉碗，但有必要了解购买决定会带来的影响。

智能功能或蓝牙连接：在厨房里，使用智能设备往往很浪费时间和金钱，因而在大多数情况下，我建议大家对任何需要联网的设备都三思选用。并不是说没有制作精良、坚固且安全的网络连接设备，但非常稀有。

值得留意的有用功能是内置时钟和自动打开机器的功能。大多数意式咖啡机至少需要20分钟才能完全加热。不过没有这个功能也影响不大——一个简单的定时器插头通常就足以解决问题了。

家用咖啡冲煮指南

如何制作浓缩咖啡

现在我要讨论制作浓缩咖啡的实际过程，将结合直接的指导说明和更广泛的讨论，解释你的操作背后的原理。

这部分可能初看起来是把浓缩咖啡的制作无谓地复杂化了，但实际上我想要的是相反的结果。我想去除黏附在浓缩咖啡上的迷信仪式主义，解释一些对杯中质量回报率最高的东西。

我的目标是尽可能减少浓缩咖啡冲泡过程中的操作步骤，同时仍然获得最佳的质量。

我将之分解为四个关键步骤，以时间顺序涵盖了制作优质浓缩咖啡的过程：称豆和研磨、布粉、填压，以及最后的步骤——萃取。

在开始本节之前，希望你已经阅读了本章前面的部分，尤其是《浓缩咖啡的原理》，参阅第138—143页，以及《如何调整磨豆机》，参阅第148—149页。

1. 称豆和研磨

让我们从决定研磨的咖啡粉量开始。双份粉碗的粉量可能在 14 克到 22 克之间。精密设计的粉碗会有建议的粉量，我称粉时一般不会超过建议粉量1克。如果粉量高于建议量，将无法用更细的研磨来获得好的萃取，如果粉量低于建议量，结果不会差，但粉饼会变得乱糟糟的，既不方便又烦人。

如何控制粉量取决于你的磨豆机。一般来说，我推荐使用单次量磨豆机，它会研磨加入的所有咖啡豆。另外有定量研磨的磨豆机，其豆仓被设计为能够放满咖啡豆的样子，然后按时间或重量进行研磨。

在使用单次量磨豆机时，应该在研磨前称量咖啡豆，如果磨豆机有静电，则用装满水的喷雾瓶喷一下豆子，会极大减少研磨时的静电。

你可以在研磨后再称一下粉量，如果磨豆机在残粉方面始终保持一致，那么以后就可以跳过这个步骤；对于许多磨豆机来说，再称一下粉量还是比较必要的。如果是使用带有豆仓的定量磨豆机，我建议每次研磨后都称重。

1. 称咖啡豆。

2. 在研磨之前用水喷一下豆子，以避免静电。

3. 最好再称量一下咖啡粉。

2. 布粉

这可能是冲泡过程中最重要的部分（在将给每一份咖啡粉调试出适当的研磨度之外）。萃取的均匀度是由布粉决定的，对你制作的浓缩咖啡的口感有很大影响。

尽管许多磨豆机的设计就是直接将粉磨进粉碗，但不这么做效果会更好。将一份咖啡豆研磨进接粉器(dosing cup)，摇匀然后转移到粉碗中，通常有助于消除咖啡结块。

或者，你可以使用WDT（Weiss Distribution Technique [1]）布粉工具在粉碗中操作。这种布粉工具可以直接购买，也可以3D打印出来，或者用葡萄酒软木塞和用于清洁3D打印机的针头来制作一个。布粉针不仅可以用来打散各种咖啡结块，还可以让咖啡粉均匀分布在整个粉碗中。

有一些带有小桨的布粉工具，可以放在粉碗上旋转布粉。这些工具在我看来不太有说服力，因为它们往往只能影响粉饼顶部的三分之一，而不是粉饼整体。WDT布粉工具一直都能给我带来更好的结果。如果你觉得旋转式布粉工具用得不错，那么我不一定会建议你停用，但针对目前这些工具，我会选择更有效（通常也更便宜）的。

1. 咖啡粉在粉碗中的分布可能不均匀。

2. 布粉针可以帮助消除咖啡粉块。

3. 冲泡前，研磨好的咖啡粉应该均匀分布在冲泡粉碗中。

1　约翰·魏斯（John Weiss）发明了此方法。WDT有弥补咖啡粉结块以及不均匀布粉的诀窍。——译者注

3. 填压

在过去，填压在意式浓缩咖啡制作中被过分强调了。我们的目标是从咖啡粉饼中挤压出尽可能多的空气，并确保咖啡粉层均匀且平整。当你从这个角度来看，填压的影响就不会那么细致，而是相当两极：要么压好了，要么没有；要么压得足够用力让粉饼完全压缩了，要么没有。要多用力才足够？你会看到各种建议值，例如15千克的力。作为一个实际的目标，这个数字还挺好的，但不把浴室的体重秤拖到厨房台面上，就很难知道到底施了多大力气，而且我不太推荐为有限的回报付出额外的工作。我自己略微简化的衡量标准是，一直压到咖啡粉饼不再柔软和松塌为止。这在某种程度上看起来很荒谬，但也很奏效。

许多刚接触浓缩咖啡的人很容易将出品质量的不一致归咎于填压，但问题更有可能出在其他因素。这并不意味着填压永远不是咖啡冲泡问题的原因或根源。首先要确保使用的粉锤与粉碗尺寸相匹配。匹配得越精确越好，极其精密的粉碗制造商也会为其粉碗的粉锤底座提供准确的尺寸建议。

除了基本尺寸外，还应该确保有一个适合你手形的粉锤。你应该像握门把手一样握住粉锤，在填压时，肘部应该在手腕正上方，这样能够安全地用力，而不会对

1. 确保粉锤尽可能准确地贴合冲泡手柄并向下压，直到感觉咖啡粉饼不再柔软和松散为止。

2. 用指尖触摸填压后的粉锤底座与粉碗，检查其是否平整和均匀。

手腕造成潜在损伤——这是一个非常现实的问题，尤其是对于专业咖啡师而言。你可以想象一枚螺丝从工作台上凸出来，你就模仿握住螺丝刀，然后把它一步转到位（实际不需要做任何扭转！）。

将粉锤完全压入后，可以用指尖去触摸抵住粉碗壁的粉锤底座，检查压后的粉床是否美观、平整且均匀。现在可以进行细微的调整——粉床平整对于水流均匀非常重要。你会看到有些人在这个时候扭转或旋转粉锤。我在职业生涯的早期也养成了这个习惯，事实证明这习惯很难改掉。这一步对味道没有任何影响。如果你可以在日常的冲泡工作中减少一个步骤，那么我建议减少。因为我们的目标应该始终是以最简单、最容易的方式去制作浓缩咖啡。

确保粉碗边缘没有松散的咖啡粉，然后就可以开始下一步了。

4. 萃取

在装上冲泡手柄之前先快速从冲泡头放水（flush）的操作于许多咖啡机而言是有好处的。咖啡馆这么做，是为了冲洗上一杯残留在分水网里的咖啡粉，不过你可能在开始冲泡时就有一个干净的分水网。在这种情况下，放水通常有助于稳定水温。有些机器可能会很热，放水会稍微降温，而有些则相反。幸好更精湛的加热技术正在慢慢替代温度冲浪这个步骤。毕竟这是一种烦人又浪费的做法，既浪费水又浪费能源，并且也需要花时间试验才知道放多少水量能达到期望的温度，有时还需要一些温度测量设备。

最好不要将咖啡粉饼长时间放在冲泡头上而不冲泡。咖啡放置的时间越长，它的温度就变得越高，意味着整体的冲泡温度会变得更高，使得咖啡开始变苦。实际上，放置20～30秒的时间也不用担心，不过保持日常习惯很重要，所以一般来说我还是建议拧上手柄后立即开始冲泡。

电子秤应该放在机器旁，对于大多数咖啡机而言，从按下冲泡按钮到出现咖啡液，有5～10秒的时间，足够你将电子秤放在滴水盘上，再放置杯子并归零。然而，咖啡冲泡应该是一件有趣的事情而不是一次测验，所以如果你更愿意在按下冲泡按钮之前准备好一切，那也不是坏事。

如果你的咖啡机有内置的计时器，那就太好了；如果没有，那么许多咖啡秤都有计时器；也可以使用手机计时。记录萃取时间非常有用，从打开冲泡开关的那一刻开始记录时间，真正的冲泡时间是咖啡和水接触的那一刻。你会看到有些人建议从咖啡液出现开始计时，但我强烈建议从按下冲泡按钮开始。一般建议传统意式浓缩咖啡需要25～35秒的冲泡时间。其实有很多很棒的浓缩咖啡的冲泡参数，更快和更慢的都有。然而，我建议在尝试更多进阶方法之前先熟悉基础的浓缩咖啡冲泡参数。

有些机器会根据时间、水量，或在极少数情况下根据杯中液体的重量停止萃取（如第168—170页所述），大部分机器需要手动停止。针对大多数的咖啡秤，在离目标液体重量还差2克左右时，我建议就可以停止了。记住，这时还会有咖啡液继续流出，有些咖啡秤的称重数据也会有一点滞后。在制作过几杯浓缩咖啡后，你会确切地知道应该在哪个阶段停止，以获得目标咖啡液重。

如果有无底手柄，那么可以观察萃取过程，你能够看到所有明显的水流通道。在某些情况下，你会看到部分咖啡液颜色显著变浅；在最坏的情况下，你会看到一

小股咖啡液以一定角度喷出——表明糟糕的通道效应发生了。如果用的是带分流嘴的冲泡手柄，除非出现煮出来的浓缩咖啡看起来非常淡薄这种严重的情况，不然很难看出问题发生了。

因此，理论上来说，无底手柄更胜一筹，但它也有一些缺点。首先，不能分开制作两份浓缩咖啡——有时分享是件好事情！其次，每次的萃取你都会发现一些瑕疵，这可能会剥夺制作浓缩咖啡的一些乐趣——取决于你的性格和对浓缩咖啡的态度。毫无疑问，无底手柄在判断冲泡过程上很有用，但有时只是看看就可以了，觉得咖啡看起来很美味就不用太担心。

冲泡完成后，可以立即享用浓缩咖啡，但是要尽快将冲泡完成的咖啡粉饼从机器中取出来。粉饼取出后我就会立马冲洗分水网。（我将在第204—208页中更详细地探讨咖啡机的清洁和维护步骤。）

打发牛奶

在本节中，我将会先讨论打发牛奶的理论知识，
然后再深入探讨这项技艺。

用打发良好的牛奶制作的饮品是非常美妙的，可以为咖啡增添甜味和不可思议的口感。优质的奶泡气泡非常小，小到几乎看不见，我们称之为极细奶泡。气泡越小，其强度就越好，有着极细奶泡的牛奶能够制作一种从头到尾口感都很好的饮品：棉花糖般柔软、如奶油一般、质地轻盈却口感浓郁。明白打发牛奶的目标有助于我们掌握打发技巧，一旦你了解了科学原理，就可以轻松制作出你想要的特定质地，也更容易判断奶泡质地或打发的问题。

为什么是奶泡

先介绍一些关于泡沫的科学知识，它们适用于各种乳制品和非乳制品。起泡需要满足两个条件：一是在液体中加入空气，二是液体中的某种东西可以作为发泡剂，将空气锁在稳定的气泡中。在大多数牛奶中，这种发泡剂指的是某种蛋白质。

蛋白质是由被称为氨基酸的构建单元组成的。这些构建单元中的一些部分会被水排斥（具有疏水性），并且在大多数情

况下这些构建单元最终会聚集在一起，这解释了蛋白质为何通常具有扭曲、复杂的形状。当你通过加热或利用机械动作（如搅拌）对这些蛋白质施加物理压力时，它们就会改变自身的性质直至足以使结合在一起的疏水部分分离，疏水部分开始寻找任何只要不是水的东西，而空气是完美的选择。这使得蛋白质将自身包裹在空气周围，所有疏水的部分都面向空气，而其余部分则面向气泡周围的水。这种蛋白质被简称为表面活性剂。

如果你曾经做过蛋白霜，并在蛋白混合物中误加入了一些蛋黄，就会明白为何脂肪会对泡沫的形成起到负面的作用。脂肪与空气会竞争蛋白质的疏水部分，这就是为什么脂肪可以抑制泡沫形成或使其快速分解。

在打发牛奶饮品时，脂肪含量起着双重作用。脱脂牛奶比全脂牛奶更容易吸收空气并产生更稳定的泡沫。但这并不意味着用脱脂牛奶比用全脂牛奶更容易制作美味的饮品，而且对许多人来说恰恰相反。

替代牛奶的非乳制品

对于那些寻找咖啡乳制品替代品的人来说，现在拥有的选择前所未有之多。长期以来，豆奶被认为是咖啡店约定俗成的乳制品替代选择，但燕麦奶的使用在过去几年出现了巨大增长。有几个品牌做得很好，但如果想日常在家用燕麦奶制作咖啡，我建议你寻找专为咖啡打造的产品。许多乳制品的替代品是为更传统的用途而设计的——用于谷物或一般的烹饪烘焙，通常味道不太好，也不太容易打发出奶泡。大多数品牌都生产可以跟咖啡搭配的产品，在这些品牌中，你会发现一些产品力求在口味和质地上更接近乳制品，而另一些则试图更好地搭配咖啡的味道。我鼓励大家多多品尝，找到符合你个人口味的牛奶替代品。

脂肪还会改变饮品的口感以及咖啡风味的释放，它会减缓风味释放，并降低风味强度。用脱脂牛奶制作的卡布奇诺会有更浓郁的咖啡味，但留存时间较短。而全脂牛奶版本的卡布奇诺没那么强烈的咖啡风味，但其风味会在口中持续更长时间。

牛奶中的脂肪通常是牛奶起泡不好的原因，与你的操作无关。牛奶中的大部分脂肪都是一种被称为甘油三酯的结构。这意味着它的结构式像一个奇怪的字母E，有着甘油主链和三种脂肪酸。甘油三酯分解会产生三种游离脂肪酸和一些甘油。甘油吸引蛋白质疏水部分的能力比空气强非常多，会导致你所制作的泡沫很快消失。用脂肪分解后的牛奶打发的奶泡几乎都会发出嘶嘶声（打发后将奶壶放在耳朵边可以清楚地听到），细软的奶泡很快就会形成越来越大的气泡。这样的牛奶不一定味道不好，但无论你做什么，它都不会产生优质的极细奶泡。有时这是由牛群的饮食引起的，但更多时候是由储存不当造成的。尽管贮存在玻璃瓶内的牛奶很好看，但我会避免使用。阳光直射尤其容易很快导致牛奶的发泡性出现问题，却不会对其味道造成太大影响。

家用咖啡冲煮指南

温度

过去引起咖啡店和顾客关系紧张的原因之一是，顾客总想喝到更热的咖啡，而咖啡师不想把咖啡制作得太热。这真得归咎于牛奶的缺点。当牛奶温度超过68℃时，参与牛奶起泡的蛋白质就会开始永久变性和分解。温度越高，蛋白质分解得越多，这样的话牛奶会产生更差的口感，但也会开始产生新的风味和香气。煮熟的牛奶闻起来有独特的味道，部分就来自氨基酸分解时释放的硫化氢。这就是为什么牛奶有那种煮熟的蛋味，或者让人想起婴儿生病时的气味。

值得注意的是，牛奶的分解是温度和时间综合的影响。如果将牛奶加热至60℃，让它完全冷却后再次打发，你会注意到蛋白质在较低温度下分解的气味和味道。保质期长的牛奶会在比这高得多的温度下进行杀菌，但只会在这个杀菌温度停留1~2秒。

因此总的来说，最好喝的牛奶饮品都有一个温度上限。对于一些人来说，热饮滚烫比好喝更重要，但大多数人更喜欢不那么热但口感甜妙宜人的饮品。对于许多人来说，60℃的饮品其实比较烫

了，应该转变的是人们的思维定式：不要放太久才喝，而不是试图让饮料变得更烫。

根据我的经验，温度也会影响乳制品替代品的风味和口感。乳制品替代品虽然跟牛奶不完全相同——跟煮过的牛奶的味道明显不同，但当中的一些蛋白质似乎也会分解并释放出新的香气。在更高的温度下，口感似乎也不太好。

需要强调的是使用冷藏温度（约4℃）的牛奶好处多多，这一步虽然不是必需的但很重要，确实会使打发牛奶的整个过程轻松得多，让你更容易成功。

打发牛奶的技巧

掌握打发牛奶的技巧能制作出美味的牛奶饮品，它具有天然的甜味和由小到几乎看不见的绵密奶泡带来的令人愉悦的口感。在这个过程中，你需要完成三项任务：向牛奶中注入空气，尽可能制造好的泡沫质地，以及可能是最重要的一步——加热牛奶。

将这些任务独立来看会很有帮助，因为打发牛奶时，你会在过程中的不同时刻以不同的方式处理各个任务。但很

明显，不管你在处理哪个任务，只要用到蒸汽棒，牛奶就持续在被加热，我们可以把这个过程分成两个阶段。

第一阶段：起泡（Blowing Bubbles）

这个阶段通常被称为"打发"（stretching），这个术语似乎已经在咖啡行业中固定下来。在这里要做的是利用蒸汽离开蒸汽棒的力量，将空气向下推入牛奶中。蒸汽棒的尖端一接触牛奶的表面时，就会开始发生变化。你可以看到并听到牛奶开始在拉花缸内膨胀（因此才有了打发的说法），也会听到牛奶咕噜咕噜的声音。

打发牛奶时，提前要做的决定之一是确定想要多少奶泡。制作一杯有一层厚厚的慕斯状奶泡的传统卡布奇诺，比起制作一杯奶泡层更薄更细软的澳白（flat white）来说，需要在这个阶段加入更多的空气。

关于要在第一阶段向牛奶中添加多少空气，很难给一个准确的说明。我想，让牛奶体积增加10%～20%，会适合用来制作拿铁或澳白，还可以展示一手拉花艺术——如果你想学习这种技能。如果制作的是更传统的卡布奇诺咖啡，那么牛奶体积增加50%～60%是一个不错的起点，这样会制作出浓稠的棉花糖般的奶泡，喝起来非常棒。牛奶饮品没有绝对标准，配置家庭意式咖啡机的部分乐趣就在于练习制作出你最喜欢的咖啡饮品的技能，因此花在试错上的时间是完全值得的。

打发阶段一定要在牛奶摸起来温热之前完成。这过程越快越好，因为下一个增加奶泡口感的阶段，会耗费更长的时间。

了解你的蒸汽棒

这几页内容所提供的技巧适用于传统的蒸汽棒。它通常是不锈钢的，末端用螺丝固定，还会有一到四个小孔。蒸汽可以通过旋钮或按钮控制。如果你有一个与此明显不同的蒸汽棒，那么它可能是一项专有技术，最好严格地按照用户手册中的步骤进行操作。不过，了解设备试图复刻的技术也有助于判断你可能遇到的问题。

第二阶段：打绵（Hot Whisk）

打发牛奶的第二个阶段就是尽可能地粉碎第一个阶段制作的泡沫。要做到这一点，蒸汽棒的尖端需要刚好在牛奶表面以下，蒸汽头与蒸汽棒连接的位置要刚好浸入。千万不要把蒸汽棒伸至拉花缸的底部。

将蒸汽棒放在牛奶表面以下，蒸汽可以搅动并翻滚起拉花缸中的牛奶。这个阶段理应非常安静，不应该听到任何咕噜声甚至喷气声。你会看到有一个漩涡在拉花缸的中心形成，这个漩涡随着蒸汽的推动将更大的气泡拖入其中。持续时间越长，最终奶泡的口感就越好。由于打发结束时的温度固定，越快进入第二阶段越好。

蒸汽棒在拉花缸中的位置很关键。如果它不在正确的位置，那么将很难让牛奶翻腾并形成必要的漩涡。我将在后面的部分逐步进行介绍。在这个阶段你需要注意确保牛奶的漩涡持续，调整蒸汽棒在你的拉花缸中的位置，直到你看到一切如常进行。

为了展示这个过程的实际效果，我用水代替了牛奶，因为使用牛奶的话就看不到蒸汽棒或气泡了。

步骤介绍

1. 找一个大小合适的不锈钢拉花缸。加入的牛奶量不应超过拉花缸的壶嘴底部。

确保使用冷藏的牛奶。如果想尽量减少浪费，那么称量需要的牛奶分量总没错。

确保咖啡机处于合适的温度以产生蒸汽，一些机器在此阶段需要额外加热。

在使用蒸汽之前，将蒸汽棒指向滴水盘并打开阀门，以清除所有的冷凝水，接着你应该会看到相对干燥的蒸汽。将清洁布放在蒸汽棒周围有助于减少蒸汽溅出。注意：蒸汽很烫。

将蒸汽棒拉向面对你的方向，与机器成大约45°角。

2. 将壶嘴朝前（使用壶嘴引导蒸汽棒的朝向），将拉花缸向上提起，直到蒸汽棒的尖端浸没在牛奶中，但不要太深。

拉花缸稍微向一边倾斜，蒸汽棒保持在壶嘴中。

蒸汽全开。

立即把拉花缸向下移动，将蒸汽棒的尖端移到牛奶的表面——让蒸汽棒几乎像"坐"在牛奶的表面一样。如果深度合适，你应该会听到空气注入牛奶的嘶嘶声。

一旦空气量足够，就将拉花缸稍微抬起，让蒸汽棒多浸入牛奶中几厘米。

不要将蒸汽棒伸至拉花缸底部。

> **打发牛奶之前：** 先制作浓缩咖啡。咖啡液可以在你打发牛奶时静置。它的品质不会（像奶泡一样）变差或明显下降。咖啡会稍微冷掉，但马上会被大量的烫牛奶稀释，刚好可以平衡温度的下降。

3. 确保在牛奶中形成了漩涡，你可能需要将拉花缸进一步向一边倾斜。你应该会看到牛奶在剧烈地旋转。

达到所需温度时，停止打发。许多人会用手摸摸拉花缸的一侧来判断温度。大多数人的耐热温度在55℃左右，因此针对大多数机器，当加热到你觉得手里的壶烫了时，再打发3~5秒，就是很好的操作准则，但需要反复试验才能找到你喜欢的温度。

停止打发后，将拉花缸放在一边，清洁蒸汽棒。用湿布擦去蒸汽棒上的牛奶，然后再次将其指向滴水盘并短暂打开蒸汽阀，清除可能残留的牛奶。

4. 打发好的牛奶还需要一些步骤才算完成，拉花缸先在吧台或工作台上轻轻敲几次，这样可以"爆破"残留的大气泡（如上图左所示）。

等大气泡破裂后，才可以在拉花缸里摇晃牛奶。你需要将牛奶液态的部分与上面的泡沫混合均匀，但不能在此过程中产生新的大气泡。旋动过程会使人联想起葡萄酒中最专业最严肃的晃杯。当牛奶看起来有油漆的光泽时（如上图右所示），牛奶就准备好了。

倒入你的咖啡中享用吧。

> **温度计：** 有各种测量打发牛奶的温度计可用，但大多数便宜的指针式温度计反应速度很慢，而且不是特别准确。数字温度计效果很好，但我知道让人们用它来测量打发牛奶的温度可能有点过头了。甚至对我来说也是。

牛奶——解决问题的一些建议

大多数人面临的最大挑战是难以打出想要的质地，最后往往会产生更大的气泡。以下是一些可能的原因：

在第一个阶段中加入空气的时间太晚，因此在第二阶段（参阅第187页）没有足够的时间将其搅打成微小的气泡，可以尝试更早一点向牛奶中添加空气。

蒸汽压力不足。如果只打开了部分阀门，则很难获得良好的牛奶口感。机器由于动力不足无法将蒸汽锅炉加热到足够高的温度，也可能是问题所在。如果你发现蒸汽棒会过于激烈地扰动牛奶，尤其在制作较小分量的牛奶饮品时，那么我建议你将蒸汽棒尖端换成可以释放较少量蒸汽但保持相同压力的蒸汽头，通常被称为"低流量"蒸汽头。与标准版本相比，这种蒸汽头的孔可能更少或更小。如果你经常打发不到100毫升的牛奶，那么我强烈建议你为咖啡机购置一个。蒸汽头上的螺纹通常都是标准的，因此更换零件并不困难。

状况不佳的牛奶的泡沫可能最初看起来不错，但很快就会开始坍塌成更大的气泡。如果将牛奶放在耳边，实际上可以听到它像碳酸饮料一样发出嘶嘶声。这种牛奶可能味道不错，如果还没过期，那么可以放心用于其他用途。然而牛奶的一部分脂肪可能已经分解，因此导致发泡失效。

喝一杯意式咖啡

意式咖啡饮品及其制作方法

在本节中，我选取了一些意式咖啡饮品介绍，并尝试传达它们背后的理念。

为卡布奇诺提供最佳配方是不可能的，就像没有人可以提供千层面的最佳配方一样，但是有了一些历史和背景，我希望你能理解配方试图达到的效果，进而可以创造出自己喜欢的理想版本。

浓缩咖啡

浓缩咖啡是用高压冲泡出的又少又浓的咖啡。特点是其高浓度和覆盖在顶部的红褐色泡沫层克丽玛。浓缩咖啡的概念可以追溯到20世纪初，当时的新型咖啡机能够利用封闭的蒸汽压力将水快速压入咖啡粉中，从而快速冲泡出浓烈的过滤式咖啡。和英语中一样，意大利语中的"快速"和"压力"是相同的单词，这是其名字的来源。在英语中，特快列车是express train；"express"这个词也可表示"挤压出"的意思。

现代的浓缩咖啡可以追溯到1948年，以阿奇利·加吉亚（Achille Gaggia）命名的意式咖啡机使用杠杆压缩大弹簧，然后使用活塞装置将热水推入咖啡粉中。这是第

一次在非常高的压强下（大约9巴甚至更高）冲泡浓缩咖啡，也是第一次在咖啡顶部有了独特的泡沫。加吉亚的顾客对这种新的咖啡泡沫持怀疑态度，因此他将其描述为"crema caffe naturale"——"天然的咖啡奶油"。这是营销天才的聪明一举。

在精品咖啡的浪潮中，定义浓缩咖啡的配方成了一件棘手的事情，因为冲泡的标准已经从单份浓缩咖啡变成了双份。从烘焙商或网上看到的大多数浓缩咖啡配方，都假定了你使用的是双份粉碗，并且可能会将两份浓缩咖啡混合在一个杯子中饮用。出于这个原因，标准的意大利浓缩咖啡配方，也就是单份意式浓缩咖啡，似乎与人们在网上谈论的东西相去甚远了。

浓缩康宝蓝

这是一个简单但非常美味的配方。它在浓缩咖啡中加入了少量打发的淡奶油。喝之前最好稍微搅拌一下，但仍保留足够的清爽奶油在表面，与下面浓郁的热咖啡形成鲜明对比。

玛奇朵

　　玛奇朵（Macchiato）意为"有记号的"或"染色的"。这款饮品诞生于意大利繁忙的浓缩咖啡吧，那里的浓缩咖啡通常会快速制作后并排摆放在柜台上，供顾客领取。如果有客人要求在饮品中加入少许牛奶，会产生一个小问题，因为浓缩咖啡表面的那层克丽玛能使其伪装成加了牛奶的咖啡。为了区别，咖啡师开始添加一小勺牛奶泡沫来标记哪一杯饮品中含有少许牛奶。

　　更现代的版本则大不相同，通常是在浓缩咖啡杯里面盛满打发好的牛奶。这更多的是咖啡师想要炫耀在小杯子里拉花的技巧，而不是为了创造最美味的饮品。咖啡与牛奶的比例大概是1∶1。两个版本都非常有趣，但是点单后会得到哪个版本并不能确定。

　　再加上星巴克推出了一种名为焦糖玛奇朵的饮品，咖啡界变得更加混乱了。这对星巴克公司来说是一个巨大的成功，但这个玛奇朵的样貌与前两个相去甚远，星巴克的焦糖玛奇朵是一种用焦糖酱标记或染色的大杯拿铁咖啡。

罗马诺咖啡

　　这款咖啡不常见，但如果你喜欢它的发音，那么也值得尝试。传统上，它是一种配以小柠檬片或柠檬皮的浓缩咖啡。如果你想复刻这款饮品，那么选择添加哪一种配料可能要以浓缩咖啡的风格为参考。一小片柠檬可能会给较深烘焙的咖啡增加一些不错的酸度，但会使较浅烘焙的咖啡产生令人不快的酸味和不平衡感。由于柠檬皮富有柠檬香气，对酸度没有任何影响，因此可能是更安全的选择，并且可能会为咖啡添加一些美好的芳香复杂性。

可塔朵

　　这也是一款在传统版本和更现代的版本之间有着相当大差别的饮品。过去，可塔朵最常见于西班牙和葡萄牙。咖啡和打发牛奶的比例为1∶1，用一个稍大的玻璃杯出品。这些地区冲泡的浓缩咖啡——相比意大利——萃取的杯量更大且浓度更低，属于该饮品的特色。

　　在现代的精品咖啡店里，很难预测会买到怎样的饮品。可塔朵的浓缩咖啡与牛奶的比例会在1∶1到1∶3之间。通常与咖啡师是否在饮品中拉花也有关系。

短笛

　　在咖啡中，经常看到用意大利语单词来命名在意大利从未真正见过或供应过的饮料，短笛就是一个很好的例子。它很可能是在意大利以外的地方发明的，但为了传达某种真实性或设定一个期望，被赋予了意大利名称。短笛（piccolo latte）顾名思义是一小杯拿铁，这就是你会得到的饮品。短笛通常盛装在玻璃杯中，咖啡与牛奶的比例为1：3至1：4，制作完成后在咖啡表面的奶泡会是薄薄一层。

美式咖啡

　　你会听到的故事是，在第二次世界大战后，驻扎在意大利的美国士兵要求喝冲淡了的浓缩咖啡。然而，我们所知的浓缩咖啡直到1948年才发明出来，几年之后才得到普及。这款咖啡的名字更有可能是因为稀释后的浓缩咖啡的浓度更接近滴滤式咖啡的浓度，比较受美国人喜欢。

　　美式咖啡的冲泡配方是用热水稀释单份或双份浓缩咖啡。你可以先加热水，然后再倒浓缩咖啡，也可以反过来操作，不会影响味道。我喜欢先加热水，因为这样咖啡看起来更好喝。也可以在喝美式咖啡之前撇去表面的克丽玛（推荐尝试），这样可以很好地减少苦味，让咖啡更美味。在美式咖啡中，咖啡与水的典型比例从1：3到1：6不等，取决于个人喜好。

长黑咖啡

这种咖啡与美式咖啡在原理上非常相似，但源自不同的地方。这种饮品常见于澳大利亚和新西兰。传统上，它是用了双份的超浓缩咖啡（见第146页），以相当大剂量的咖啡粉冲泡出来的——这是当时流行的浓缩咖啡的风格。因此，这类咖啡通常喝上去口感浓厚丰富且强烈。1:3到1:4的咖啡与水的比例很常见。

卡布奇诺

卡布奇诺看起来是典型的意大利风格，但起源于奥地利。在19世纪后期的老维也纳咖啡馆里，有一种叫作卡普奇诺（kapuziner）的饮品。

服务员会把咖啡和牛奶混合成与嘉布遣修道院僧侣的袍子一样的棕色—— 一种相当小众的颜色，在咖啡馆之外，它用于表示特定的棕色。顾客可以通过指定颜色，表明对咖啡浓度和口味的偏好。

随着意式咖啡机越来越受欢迎，使用机器中的蒸汽来加热和打发牛奶的做法也越来越流行。不过卡布奇诺的根本理念保持不变—— 一种具有浓郁咖啡味的牛奶咖啡。

在某个时候出现了三分法则，即卡布奇诺应该由1份浓缩咖啡、1份牛奶和1份奶泡组成。看上去简洁而清晰，但这样一来，以传统单份浓缩制作的卡布奇诺只有约75毫升的量。实际上，卡布奇诺的标准并非如此，也从来不是这样。我猜测有人想要传达的意思是，浓缩咖啡应该与用特定方式发泡的牛奶混合，以便在倒入时有相等比例的奶泡和牛奶。（因此，说卡布奇诺是由等比例的奶泡和牛奶与浓缩咖啡混合而成，虽然令人困惑，但是没错。）在意大利的大部分地区，单份浓缩的卡布奇诺用的是150毫升的杯量，并有厚厚一层令人愉悦的慕斯泡沫，确保咖啡的味道不会太淡。最常见的冲泡比例为咖啡与牛奶的比例1∶3到1∶4，理想情况下咖啡表面至少有1厘米厚的奶泡。

现代的精品咖啡店确实模糊了卡布奇诺的标准，许多咖啡店提供浓郁的小杯牛奶饮品，奶泡量各不相同。而在较大的咖啡连锁店里，卡布奇诺的杯量都很大，还有着奇奇怪怪的奶泡。

拿铁咖啡

一定要点拿铁咖啡（caffe latte）而不是拿铁（latte），这个忠告可能显得矫揉造作，但我已经听过太多去意大利旅行的人点咖啡得到一杯牛奶的故事，所以得确保叫对了名字。让许多意大利咖啡师更加困惑的可能是，拿铁咖啡在意大利并不是特别常见，它的起源可能在其他国家，只不过后来这个名字被意大利化了。

拿铁咖啡的想法很简单——一款带有一点咖啡风味的甜牛奶饮品。这没什么不好的。然而，拿铁咖啡被污名化为那些不太喜欢咖啡的人喝的饮料。抛开污名不谈，

它可能是全世界最受欢迎的咖啡饮料。

全自动咖啡机的兴起使拿铁玛奇朵（latte macchiato）更为盛行了，这是一款先加入牛奶，接着再轻轻加入浓缩咖啡让其分层的咖啡饮品。有时也会在意大利看见，尽管通常是用家用摩卡壶制作的。

大多数拿铁咖啡用双份浓缩咖啡，但是会用更大的杯子，以便加入更多牛奶。咖啡表面通常会有一点奶泡，但不会太多。咖啡和牛奶的比例从1:4到1:7不等。

澳白

澳白的起源地仍然是澳大利亚和新西兰争论的焦点，但说它是澳新原产总没错。随着精品咖啡兴起，在许多地方澳白静悄悄地成了现代咖啡浪潮的一个符号，它在菜单上的存在就是出品质量奇好的标志。因此澳白很快就为咖啡连锁店和那些对精品咖啡不太感兴趣的人所接纳。

考虑到澳白可能的诞生方式，这是一款有趣的重获新生的饮品。最初的澳白可能是针对拥有海量泡沫的卡布奇诺而出现的，卡布奇诺表面堆满了可疑的泡沫，人们不想要充满空气的咖啡和牛奶，他们想要一杯平淡的（flat）、白色的（white）咖啡。因此，澳白应运而生，它慢慢演变成一种接近于小杯浓郁拿铁咖啡的咖啡饮品。

澳白的杯量通常不超过180毫升，固定用双份浓缩咖啡作为基底，牛奶打发出一层薄薄的泡沫。澳白具有拿铁的口感，且带有卡布奇诺的咖啡味。必要的话，咖啡和牛奶的比例可以从浓郁的1:2调整到1:4，其中1:3可能是最常见的。

卡瑞托咖啡

在本书介绍的饮品清单中，终于有一款饮品在意大利比在其他国家更常见了。这款饮品的名字更为有趣，叫作"修正的咖啡"（corrected coffee），意为在浓缩咖啡里面加了一点酒或者配酒供应。通常你会看到这款饮品是在一份浓缩咖啡旁边搭配一点白兰地、格拉帕酒（grappa）或其他烈酒。这款饮品通常是在晚饭后喝的，会加一点糖，咖啡快喝完时将酒倒入，摇晃后饮用。这是一个有趣的仪式，从品鉴的角度来看，可以超越单纯的浓缩咖啡加单纯的酒精。还有一个很常见的喝法是在咖啡里加入酒一起出品，可以带来更接近饭后助消化的热鸡尾酒所能带来的体验。

摩卡

我们不太清楚这种饮料是如何得名的。它通常被描述为一杯加了1~2份浓缩咖啡的热巧克力。尽管巧克力可以像咖啡一样非常复杂和迷人，有着丰富的地域和制造工艺的风味，但它仍然是一种文化上受到轻视和不公平评价的"不严肃"的饮料（仿佛严肃是愉悦和质量的有用指标……）。它的名字很可能来自也门的摩卡港。早期咖啡的一个流行组合是摩卡和爪哇的拼配，最初是由这两个产地的咖啡来混合的，但很快这种组合就宽泛地囊括了其他产地的具有泥土芬芳和巧克力风味的咖啡。不知为何，这就变成了我们今天所知道的摩卡。

摩卡咖啡并没有约定俗成的比例；有些巧克力味很重，有些则偏重咖啡味，饮品中浓郁的巧克力使之变甜也更醇厚。现在大多数的摩卡上会有拉花，但在此之外，制作的方法相对自由，你可以尝试找到最喜欢的口味。

更多咖啡品类……

当然，还有其他各种各样受欢迎的咖啡饮品和配方。我还可以继续介绍Bicerin、Magic、Gibraltar、Red Eye等咖啡饮品。不同的地区还有一些美妙的当地浓缩咖啡饮品，寻找和体验它们是旅行的乐趣之一。如果你想自己做一做，制作这些不寻常饮品的咖啡师通常很乐意为你讲解，介绍制作方法。但我觉得在这里列出详尽的清单会让本书变成一个研究项目，大多数人不会愿意阅读！

清洁与维护机器设备

在清洁设备方面，存在着两种冲突的观点，一边认为咖啡机越干净越好，另一边认为过度清洁收益递减。

你可以每天彻底清洁设备，机器及你的味蕾都会为此而感谢你，但我不确定这样是否充分利用了时间。

针对咖啡馆可以制定清理规则，因为咖啡馆的机器每天从早到晚都在使用，需要在白天或全天使用结束时进行例行清理流程，以防不良味道快速累积；家用咖啡机则不然。接下来，我将讨论为什么需要清洁机器，如何清洁，以及如何根据自己的情况确定最佳的清洁流程。

意式咖啡机

意式咖啡机需要清洁得最勤的原因有几个。首先，大多数意式咖啡机都会从冲泡头释放压力，意味着机器内部会有咖啡渣。在9巴的压强下冲泡时，会对咖啡施加很大的压力。为了冲泡后能安全地取下冲泡手柄，大多数意式咖啡机的冲泡头中都有一个阀门，让尚存的压力通过冲泡头排出，然后通过废液管进入滴水盘。这种

压力的释放就是为什么装有较少量咖啡粉的粉碗，在冲泡结束时会变成黏糊糊且乱糟糟的烂摊子。冲泡头释放压力时，本质上会导致粉饼爆炸，可膨胀的空间越大，粉饼溅飞造成的脏乱就越糟糕。

这种向上释放的压力不仅将咖啡残液向上拖进冲泡头，还会将一些细小的咖啡粉拖进去。残渣会在非常烫的冲泡头中迅速脱水，并积累起来。冲泡之后立即冲洗冲泡头确实有帮助，但仍然会有一些堆积物。我们也很容易忘记马上进行冲洗，许多人在萃取后会把机器继续开很长一段时间（比如正在打发牛奶）。制作的咖啡越多，残留物就越多，而且残留物在冲泡头内的时间越长，单独用水去除就越难，这样会给你接下来制作的浓缩咖啡带来更多的负面味道。

要正确清洁冲泡头，首先需要卸下分水网（如果你的机器容易拆卸的话）。分水网通常于中心处以一颗螺丝锁在冲泡头

上，拆下螺丝后，分水网会掉落，有时还额外有一个金属块，它的功能是在冲泡过程中帮助将冲泡水分散布在分水网上（通常称为分水块）。这些部件应该拿到水槽里（小心，很烫）并用肥皂水擦洗干净。洗洁精也可以，但最好不要用香味太重的！清除分水块邻接的冲泡头底部的残留物。确保冲泡头的橡胶垫圈上也没有任何

咖啡粉。将所有的零件装回后，可以使用意式咖啡机清洁粉进行清洁，这个步骤称为反冲洗。你需要少量意式咖啡机的专用清洁粉，以及一个盲碗。（如果你的机器没有附带盲碗，请停止阅读并立即上网购买。）

关于反冲洗机器，需要记住清洁主要发生在冲泡头未运行的时候。一开始，当

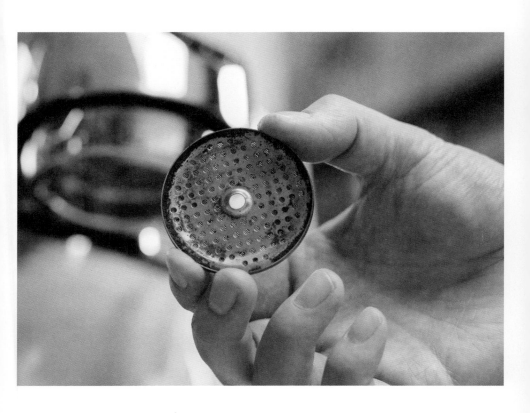

你将手柄锁入、启动压力泵时，清洁粉开始溶解，但不会有清洁粉流出粉碗。按停压力泵后，溶解的清洁溶液将被吸入冲泡头，就可以开始处理冲泡头内的残留物了。可以先以开启5秒、关闭10秒的循环重复五六次（除非机器状态很糟糕）。在此之后，可以取出手柄，将其倒空并冲洗。然后将手柄锁回，用清水冲洗机器，重复大约5次开启5秒、关闭5秒的循环。如果运行冲泡头看到带颜色的水或闻到任何化学物质的味道，请继续冲洗。

真正的问题是：应该多久做一次清洁流程？正如我在开始时所说的，有人主张每天清洁一次，但如果每天只冲泡几杯浓缩咖啡，那可能就过于频繁了。我建议每天用水冲洗，然后根据使用情况，每隔

2、3、5或7天使用清洁粉清洁。我无法为你的机器提供正确的清洁频率，不过底线是：拧下的分水块和分水网如果看起来令人恶心，则要更频繁地清洁你的机器了。

磨豆机

清理磨豆机的频率部分取决于你所使用的品牌和型号。有些磨豆机会很快积攒非常细小的咖啡颗粒，可能会导致磨豆机运作起来变得比预期的温度更高（咖啡粉是一种极好的绝缘体），并且会给你的咖啡增添令人不愉悦的味道。此外，一些磨豆机被设计成可以经常被拆开的样式，不用太担心拆开会损坏或使零件错位从而影响磨豆机的功能和品质。

你会看到一些使用生米清洁磨豆机磨

芯和磨盘的建议。我从未见过磨豆机制造商推荐使用这种方法，如果你打算尝试，那么要知道你将会失去保修资格，并自行承担风险。有一种做成咖啡豆形状的磨豆机清洁产品，效果很好，但对于常规使用来说可能太贵了。

如果你愿意动手清洁，那么最好的办法是打开刀盘室并用吸尘器吸除所有残留的咖啡粉，然后用小刷子伸进刀盘以清除沾在上面的东西。特别要注意的是咖啡粉离开刀盘槽的出粉通道。如果你的磨豆机刀盘室中有螺纹，请务必小心，不要让咖啡粉卡入螺纹，否则会带来糟糕的结果。如果你不习惯将刀盘室完全打开，那么时不时用吸尘器吸一吸可能会有所帮助，并刷掉肉眼可见的压

缩和堆积在一起的咖啡渣。

磨豆机的外部零件应定期清洁。如果你的磨豆机有豆仓，并且你研磨的是中烘或深烘的咖啡豆，那么豆仓上会很快积聚一层油脂。不要让油脂堆积起来，因为油脂会迅速氧化并且很难闻。如果豆仓容易取下来，请用肥皂水清洗，彻底冲洗并完全晾干，然后再将其放回原处。

冲煮器具

冲煮器具相对容易保持清洁。经常被忽视的地方是滤器的底部和玻璃分享壶（如果机器附带的话）。由于大多数咖啡机使用的材料都是深色的，因此很容易漏掉在滤器中及其底部阀门周围堆积的咖啡渣，某些机器中就存在这种情况。这时需要用肥皂水和百洁布擦洗，并冲洗干净。这是一项非常简单的工作，想得起来的话最好每周都清理一次。

玻璃分享壶通常很难用手直接清洁。让其恢复原貌的最好方法是将一汤匙量的意式咖啡机清洁剂（如果要描述得实用些，也可以说是一咖啡勺的量）放入玻璃分享壶中，然后倒入非常热的水，清洁剂会完全溶解，可以浸泡几个小时（也可以过夜，

完全没问题），然后彻底冲洗。在大多数情况下，洗干净的分享壶看起来会跟全新的一样。

除垢

咖啡用水并不是简单的话题，更多信息请参阅第31—38页关于水的内容。遗憾的是，最适合用于冲咖啡的水也容易产生水垢，因此对于许多人来说，拥有咖啡设备就必定需要除垢。如果你经常为机器除垢，那么这个过程会非常轻松。我推荐使用柠檬酸，因为它便宜、好买并且符合食品安全标准。我通常会制作浓度为5%的溶液，但如果你经常除垢或是冲泡用水不太容易形成水垢，则可以使用较低浓度的溶液。

在机器里装满除垢溶液，然后启动。如果是冲煮器具，可以直接进行冲泡流程。如果是意式咖啡机，则可以在机器变热后开始冲洗溶液。冲完所有溶液后（推荐先使用1升），需要至少使用1升新鲜干净的水进行清洗。完成后尝一下流出的水，如果还有一丝柠檬味，则再冲一下。（这就是使用食品级除垢剂的好处。）

如果你很长时间没有除垢，那么在某些机器中，大块的水垢可能会剥落并堵塞机器液压回路的狭窄部分。这些水垢最终会溶解，但万一你遇到问题，那么可能需要专业人士来拆出堵塞的部分，手动清洗和清除它，然后再装回去。（如果你愿意自己动手，也可以试一试，但请小心——打开意式咖啡机并拆卸部件会使你的保修失效，如果你不清楚在做什么，乱弄任何电器都是非常危险的。）

即使你用的水硬度很低，也应该每年除垢一次，如果水质较硬，则要更频繁地除垢。

致谢

非常感谢 Michael 和 Melinda 为这本书的出版所付出的工作。没有他们的帮助，也不会有这本书的出版诞生。

感谢我的出版商章鱼出版集团里的每一个人，感谢他们的辛勤工作，塑造了这些文字，并将其转化为这本美妙的书。

感谢 Square Mile Coffee 烘焙商团队，你们是这本书、那些富有趣味的交谈和美味咖啡的灵感源泉。

感谢我的家人。

图片出处说明

Alamy 图库照片：Carlos Mora 第19页；J Ruscello 第20页左下；JG摄作品第3页；ry3bee / Stockimo 第20页左上。

Cristian Barnett / 章鱼出版集团：第13、41、44、54、92、149、181页。

Dreamstime：Lucy Brown 第20页，右上。

iStock：freedom_naruk / iStock 第24至25页。

詹姆斯·霍夫曼：第4、33、34、46至49、56、76、84、88、96、97、100、103、114、119、124、139、145、148、172—179、187、207页。

Shutterstock：Jess Kraft 第16页；Laura Vlieg 第20页右下；Rachata Teyparsit 第8页。

作者简介

詹姆斯·霍夫曼（James Hoffmann）

《世界咖啡地图》作者，2007年在世界咖啡师大赛（WBC）荣获冠军，2008年赢得英国杯测大赛冠军，2011年拿下英国手冲大赛冠军。后在伦敦与朋友一同创办了知名的Square Mile咖啡烘焙品牌，培育出独特的伦敦咖啡文化。与Nuova Simonelli合作，设计研发出划时代的黑鹰咖啡机，极大地提高了咖啡出品的稳定性，成为众多咖啡师赞不绝口的利器。

译者简介

黄俊豪

查老师的咖啡宇宙（小红书，B站同名）创始人，世界咖啡师大赛中国区选拔赛（CBC）主审。在咖啡界打滚十多年，现在希望通过互联网，推广有理有据的科学喝咖啡的方式。

李　蔚

咖啡爱好者，香港浸会大学传播学硕士，有六年的翻译经验。曾任职于上海电影集团，有七年电影内容策划及运营经验，现为"黑片儿"观影组织创办人。

邹　熙

上海大学社会学学士，英国爱丁堡大学翻译研究硕士，现为科技文化杂志《离线》策划编辑，是一个快乐的人。

HOW TO MAKE
THE
BEST
COFFEE
AT HOME

家用咖啡冲煮指南

图书策划　雅信工作室

特约策划　朱明晖（Andrea Chu）

出 版 人　王艺超

策划编辑　郭　薇

责任编辑　赵彬彤　郭　薇

营销编辑　高　寒　薛　枫

装帧设计　尚燕平

内文排版　书艺社

封面及环衬图片来源　视觉中国